YACHA 雅茶
大国之饮

韩冬 四川雅茶控股集团有限公司 著

电子工业出版社·
Publishing House of Electronics Industry
北京·BEIJING

图书在版编目（CIP）数据

雅茶 : 大国之饮 / 韩冬 , 四川雅茶控股集团有限公

司著 . -- 北京 : 电子工业出版社 , 2024. 11. -- ISBN

978-7-121-48860-3

Ⅰ . TS971.21-49

中国国家版本馆 CIP 数据核字第 20245HS778 号

责任编辑：王小聪

印　　刷：天津画中画印刷有限公司

装　　订：天津画中画印刷有限公司

出版发行：电子工业出版社

　　　　　北京市海淀区万寿路 173 信箱　　邮编：100036

开　　本：787×1092　1/16　印张：10.5　字数：152.9 千字

版　　次：2024 年 11 月第 1 版

印　　次：2024 年 11 月第 1 次印刷

定　　价：88.80 元

凡所购买电子工业出版社图书有缺损问题，请向购买书店调换。若书店售缺，请与本社发行部联系，
联系及邮购电话：（010）88254888，88258888。

质量投诉请发邮件至 zlts@phei.com.cn，盗版侵权举报请发邮件至 dbqq@phei.com.cn。

本书咨询联系方式：（010）68161512，meidipub@phei.com.cn。

序

《雅茶：大国之饮》一书很快就要与读者见面了，这本书是一位资深媒体人以独特的视角对雅茶的观察、理解与思考的凝练。

"雅茶"二字由来已久，最早见于《地理》杂志 1941 年第一卷第三期郑象铣的《西康雅茶产销概况》："所谓雅茶者，即曩昔川西今康省雅安、荥经、天全、名山、邛崃五县所产之茶。"当时，人们对雅茶的研究颇多，如"雅茶的生产概况""雅茶的制造""雅茶的运销""雅茶的前途"等。

在中国茶叶数千年的发展历史上，雅茶留下了深深的印记：蒙顶植茶普惠民生，唐朝贡茶延续至清；茶马古道交往交流，官茶商茶边引土引；抵外保内藏茶成名，保障边销国计民生；改革开放蒙顶复兴，十大名茶四海闻名。

2014 年，雅安市政府印发了《关于加快雅茶产业发展建设茶业强市的意见》（雅府发〔2014〕16 号）；2022 年，雅茶集团在成都天府国际会议中心正式揭牌，从产业到企业，雅茶走上了复兴之路。

尽管雅茶集团成立不久，但雅茶的使命和责任是一以贯之、承上启下的。本书作者独具慧眼，梳理了雅茶产业千百年来的发展历程，诠释了雅茶肩负"大国之饮"的使命与责任，记载了雅茶集团自成立以来探索中国茶无限可能的实践案例。本书文字流畅，内容别具一格，读来使人耳目一新。

2021 年 3 月 22 日，习近平总书记在福建省武夷山市的生态茶园考察时对茶文化、茶产业、茶科技统筹（即"三茶"统筹）发展作出了重要指示。而雅安茶文化底蕴深厚，茶产业历史悠久，茶科技方兴未艾，亟须雅安全市行动起来，贯彻习近平总书记关于"三茶"统筹发展的重要指示精神，扎实推进雅茶产业再上新台阶。

读一读《雅茶：大国之饮》，或许能给你一些收获和启迪。

中国国际茶文化研究会常务理事

中国茶叶流通协会黄茶专业委员会副主任

四川省茶叶流通协会原秘书长

陈书谦

2024.7.18

前　言

品茗千百种，不忘雅茶①香。

中国人和茶叶的渊源很深。茶不仅是一种饮料，还是一种文化，一种生活方式，一种绵延千年带着苦涩味道但仔细品咂却又满口芬芳的诗意存在，像极了我们这个国家的发展历程。

很多人都有与茶有关的童年记忆，茶滋养着我们，是我们生活中不可或缺的陪伴者。从对茶叶的热爱上升到对茶文化的热爱，让我们不知不觉地走上了寻访雅茶的道路。

中国是茶树的原产地，而雅安的蒙顶山是最早记载人工植茶的地方。"扬子江中水，蒙山顶上茶"，还有什么比雅茶更能代表中国茶叶的品质，以及源远流长的历史与文化积淀呢？那个叫吴理真的老头儿真是一个妙人。2000多年前，他按照北斗七星的方位在蒙顶山上种了七株茶树，从而开辟出一条对野生茶树的驯化之路，使生活在21世纪的我们仍享受着他留给我们的福佑；而寻访雅茶的故事缘起，也要追溯到他的"灵茗之种"。

"祖师吴姓，法理真，乃西汉严道，即今雅之人也。脱发五顶，开建蒙山自岭表来，随携灵茗之种，植于五峰之中。高不盈尺，不生不灭，迥异寻常。"蒙顶山上的石碑，历经风雨而文字不灭，为我们留下了关于茶祖吴理真植茶的第一

---

① 雅茶（雅安茶叶的简称）包括蒙山茶和雅安藏茶等。

手信息。

在中国所有的茶叶中，只有雅茶自唐朝始，历经宋、元、明、清，一直到帝制瓦解，在 1000 多年间，始终被皇室青睐，创造了作为贡茶时间最久的中国纪录。

在唐朝的诗文中，我们经常可以看到对雅茶的称颂，如"号为第一""应是人间第一茶"……毫无疑问的是，在尚茶的唐朝，蒙顶山就被认为是产出最高等的好茶之所在。到了明朝，还有"蒙顶第一，顾渚第二"的公论。只是到了近代，雅茶才开始因为地理位置、战乱等一系列原因而逐渐没落。这是广大爱茶人的损失，毕竟品质才是王道。如何让雅茶重新恢复往日荣光，也成为茶界的一桩大事。

但正如这本书所描述的，雅茶很快就发生了翻天覆地的变化。大家将会看到，从四川雅茶控股集团有限公司（简称雅茶集团）的创建被提上日程，从它喷涌着浮出水面，再到全产业链布局，所有这些在短短一两年时间内就完成了。"雅茶"的品牌已经在市场上站稳了脚跟，深深地刻进了爱茶人士的心里。

"雅茶"品牌的形象代言人濮存昕为雅茶想过一句标语："品茗千百种，不忘雅茶香"。这是他内心的真实感受。一个爱茶的人即便喝过千百种茗茶，但蒙顶山上的雅茶，香气绕梁三日不绝，喝过之后真的很难忘怀。

正如濮存昕所言："茶和人生很像，一片片绿芽经过反复锤炼、磨炼，才能变成茶叶。"

就像我们每个人都只有通过不断的学习与接受教育，才能成为一个高素质的人。同理，高品质的茶叶也需要这样一个千锤百炼的过程。从雅茶的种植到高标准的制作过程，就能看出雅茶人有志向、有能力、有底气，一定会赢得一个精彩的未来。

《雅茶：大国之饮》是一次中国茶产业的溯源之旅。它不仅追溯了雅茶的历史，还对中国茶产业的发展进行了生动的全景式描述；它讲述了雅茶集团诞生与成长的经过，并将其置身于中国乃至世界茶饮料的市场中去考察；它揭示了茶文化的内核，同时又对茶叶市场的产品思维与品牌构建有着深刻的洞见。

是啊，雅安是大熊猫故乡、世界茶文明发祥地和千年川藏茶马古道起点的绿美之地！自吴理真在蒙顶山栽下七株茶树的那一刻起，在世界茶文明发祥地，隽永的茶香终将覆盖全球每一个人居之地。带着这个使命，雅茶集团正扬帆起航。

所有的努力终将有所回报。

愿以明朝诗人黎阳王的《蒙山白云岩茶》一诗来开启这本书：

> 闻道蒙山风味佳，洞天深处饱烟霞。
>
> 冰绡剪碎先春叶，石髓香粘绝品花。
>
> 蟹眼不须煎活水，酪奴何敢问新芽。
>
> 若教陆羽持公论，应是人间第一茶。

这真是一首好诗，黎阳王是懂雅茶的。请与我们一道，细细品茗这"应是人间第一茶"的雅茶吧！

目　录

第 1 章

"人间第一茶"

第 2 章

大国之饮，从"非遗殿堂"走向世界

第 1 节　"世界茶都"
　　　　　的成长　　　　003
第 2 节　最早的人工植茶　006
第 3 节　这款贡茶皇室最爱　012
第 4 节　雅茶"受阳气之精，
　　　　　其茶芳香"　　　015
第 5 节　川藏茶马古道起点　020
第 6 节　来自毛泽东主席的
　　　　　指示　　　　　　026

第 1 节　"打响雅茶品牌"　037
第 2 节　雅茶人的使命　　　043
第 3 节　给雅茶集团一个
　　　　　杠杆　　　　　　048
第 4 节　濮存昕爱上蒙顶
　　　　　甘露　　　　　　054
第 5 节　大国崛起，时代
　　　　　脉动　　　　　　059
第 6 节　全球化时代的中国
　　　　　茶文化输出　　　062

第3章

蒙顶甘露，传统贡茶续写
新传奇

第4章

雅安藏茶，穿越茶马古道
的黑茶鼻祖

第5章

茶祖故里开新篇

第1节　来自大运会的感
　　　　谢信　　　　　　067
第2节　明前老川茶，单芽
　　　　贵如金　　　　　072
第3节　有故事的瑞草魁　077
第4节　"此甘露也，何言
　　　　茶茗"　　　　　082
第5节　古法与现代工艺结
　　　　合，成就茶叶之美　088
第6节　雅茶独具的灵性　093

第1节　博物馆的中国梦　101
第2节　中国的藏茶—扎
　　　　西德勒！　　　　107
第3节　千年藏茶，重塑
　　　　辉煌　　　　　　111
第4节　"黑茶一何美，
　　　　羌马一何殊"　　117
第5节　"神秘、传奇、
　　　　养生、感悟"　　121
第6节　爱上雅安藏茶　　127

第1节　专注一片叶子　　137
第2节　做老百姓喝得起的
　　　　好茶　　　　　　142
第3节　探索中国茶的无限
　　　　可能　　　　　　146
第4节　龙头企业是压舱石　150
第5节　扛起"中国茶文化复
　　　　兴与传承"的大旗　154

第 1 章
"人间第一茶"

第1节 "世界茶都"的成长

世界茶都茶叶交易市场就在蒙顶山（又称蒙山）脚下。

"世界茶都"的名字起得霸道，只有四川雅安有这个底气。这里是世界上有文字记载的最早的人工植茶地，蒙顶甘露早在唐朝就被列为贡茶，曾被评为中国十大名茶之一。黑茶鼻祖——藏茶也发源于此，历史上藏茶是经由雅安流入藏区的。

凌晨四点多，天还是黑的，就已经有当地茶户进场，将各种茶叶铺陈在广场的各个角落了。连夜制好的新茶散发出来的清雅香气弥漫在空气中，在月色下形成一种氤氲的氛围。

来自河南、湖北、江苏、浙江、福建等地的茶商也陆续进场了，他们会在各个摊位前逗留。交易市场将不同的茶类分区，以方便交易。

来者都是业内行家，不需要形式上的渲染，所以茶叶都装于纸箱或编织袋内。茶商手里拿着一个托盘，将不同茶户的茶叶置于其内，以做对比，有时还将其放入水杯内浸泡品茗。

凌晨五点，交易市场的灯光亮起，在各种口音混杂的讨价还价声中，第一批被相中的茶叶很快会被打包，并经由附近的物流公司发货，效率非常高。

清明节还没到，春茶的嫩芽刚刚上市，在四川雅安，茶叶交易市场上川流不息的买卖总是先于大棚照明的开市时间，昭显着世界茶都茶叶交易市场繁盛的景象。来自各省的茶商被蒙顶山特殊的生态和茶叶品质所吸引，让这里成为全国最大的原产地茶叶交易中心。2022 年，这里的干茶交易量约 17 500 吨，销售额达 45 亿元。

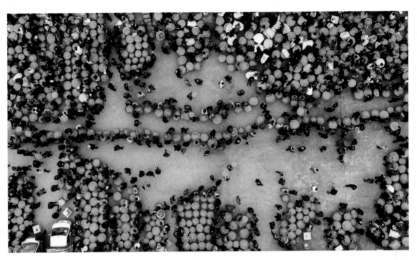

世界茶都茶叶交易市场

"这里的茶叶品质好，我每年都会来这里收购。"来自苏州的茶商张先生如是说。蒙顶甘露和碧螺春的外形很相似，只有专业人士才能区分。现在，他每年都会要求雅安本地茶厂将蒙山茶（又称蒙顶山茶、蒙顶茶）按碧螺春的工艺制作，其品质往往比碧螺春还好。

"大概从 2005 年开始，来雅安采购的外地茶商明显多了起来。一开始购买碧螺春的人多，后来也有人购买毛尖、龙井……从 2014 年开始，因为雅安种植了很多福选 4 号茶苗，购买白茶的外地茶商也开始涌入。"在世界茶都茶叶交易市场内开茶叶批发店的黄奇美说。

黄奇美 1998 年就在雅安建厂加工茶叶，25 年来，她见证了世界茶都茶叶交易市场的成长。创业之前，她在当地一家国营茶厂工作了五年，可惜效益不好，于是她下岗后想自己闯一条路出来。

"有一家国营茶厂引进了一套滚筒杀青、理条的设备，放在那里一直闲置，被我买了过来，好像我的茶厂是雅安第一个用机器加工茶叶的民营茶厂。"黄奇美说，她的厂房占地 2000 平方米，雇了八个人。以前大家都是用电炒锅或土锅手工制茶，一个人一天最多加工三千克成品茶，而现在用机器一天可以加工将近 500 千克成品茶。

周边有限的几家民营茶厂也被带动了起来，大家纷纷购买机器。黄奇美记得，她那个时候也申请了商标，做了很多款式的包装，并开车去邻县的茶叶店、茶楼贩卖，但是生意并不好，从建厂开始就亏损，还发生过数吨茶叶被偷的事件。后来黄奇美去四川农业大学读书，学习了茶叶加工技术，并和其他茶厂合作，一起为外地茶商做代加工，慢慢走出了困境。

一直到今天，在世界茶都茶叶交易市场每年上万吨的茶叶交易量中，有很多都是以代加工的方式流向全国各地的，然后在各茶产区完成贴牌，以不逊于任何一种名茶的价格销售。

黄奇美的创业路径，在四川雅安非常具有典型性。"以前很多外地茶商都不知道蒙顶甘露、蒙顶黄芽和蒙顶石花，现在客户越来越多了。"黄奇美说。随着蒙山茶的名声在全国越来越响，当地不做代加工的茶厂比例逐年增高，就她本人而言，每年卖出最多的还是本地的蒙顶甘露。

第 2 节　最早的人工植茶

从黄奇美位于世界茶都茶叶交易市场的店铺向西看，数千米远的地方，是高山云雾中著名的皇茶园。

蒙顶山与峨眉山、青城山齐名，并称"蜀中三大名山"，有"峨眉天下秀，青城天下幽，蒙顶天下雅"的美誉。皇茶园位于蒙顶山上，顾名思义，这里是古代专供皇室的贡茶园林。蒙山茶自唐朝起即被列为贡茶，而皇茶园的名号来自 12 世纪的宋孝宗统治时期。

皇茶园

皇茶园附近还可看到立于雍正六年（1728年）的"天下大蒙山"石碑，碑文记载了西汉吴理真在此植茶的历史："祖师吴姓，法理真，乃西汉严道，即今雅之人也。脱发五顶，开建蒙山自岭表来，随携灵茗之种，植于五峰之中。高不盈尺，不生不灭，迥异寻常。至今日而春生秋枯，惟二三小株耳……皆师之手泽百事不迁也。由是而遍产中华之国……上裕国赋，下裨民生，皆师之功德，万代如见也。"

吴理真

比这个石碑更早的记录，来自南宋著名地理学家王象之的《舆地纪胜》："西汉时，有僧从领表来，以茶实植蒙山，忽隐池中，乃一石像，今蒙顶茶，擅名师所植也。至今呼其石像为甘露大师。"

吴理真"携灵茗之种，植于五峰之中"，为蒙顶山此后作为皇茶园开辟了道路。安徽农业大学教授、著名茶学家陈椽曾慨叹，自己走遍了各省的产茶区，都没有见到确切的人工植茶记载，直到1978年他来到了蒙顶山。

据前蒙山茶场场长李家光的考证，蒙山茶就是本地茶，吴理真是本地人，不是从外地来的和尚。据此推论，蒙顶山第一代栽培的茶树远在西汉以前，可能与常璩所著的《华阳国志》中所载的"园有芳蒻、香茗"有联系。在1984年出版的《茶业通史》一书中，陈椽称："蒙山植茶为我国最早栽茶的文字纪要。"这个说法已成为茶产业研究者的共识。

陈椽还在书中引用了历代诗人文士对蒙山茶的称颂，譬如明朝黎阳王在《蒙山白云岩茶》一诗中盛赞蒙山茶"应是人间第一茶"。

蒙山茶是"人间第一茶"，这个评价非常之高。

而评价蒙山茶，不能仅追溯到将其列为贡茶的唐代，甚至不应止于西汉植灵茗之种的吴理真。

"雅州（雅安）天漏，中心蒙顶。"

关于雅安的蒙顶山，流传最广的一个传说是：女娲炼五彩石补苍天，补到雅安上空时，身融大地，其中五指化为蒙顶山五峰；而雅安上空则形成一个漏斗，常年有甘露淋洒。

甘露从天而降，落于蒙顶山，"雨雾蒙沐"。《九州志》语："蒙山者，沐也，言雨露蒙沐，因以为名。"这天降的甘露滋养着山间的茶园，遂产生了以蒙顶甘露为代表的一代名茶。

与天降甘露相呼应的，还有晚唐文人段成式的一句话："蒙顶有雷鸣茶，雷鸣乃茁。"

五代时期名士毛文锡在《茶谱》中多次提及蒙顶山，其中一段文字亦与"雷鸣"相关："蜀之雅州有蒙山，山有五顶，顶有茶园，其中顶曰上清峰。昔有僧病冷且久，尝遇一老父，谓曰：蒙之中顶茶，尝以春分之先后，多构人力，俟雷之发声，并手采摘，三日而止。若获一两，以本处水煎服，即能祛宿疾；二两，当眼前无疾；三两，固以换骨；四两，即为地仙矣。是僧因之中顶，筑室以候，及期获一两余，服未竟而病瘥。时到城市，人见其容貌，常若年三十余，眉发绀绿色，其后入青城访道，不知所终。"

这个故事说的是，在春分前后雷鸣之时采摘蒙顶山的茶叶，用本地的水煎服，一两即可治病，四两则就地成仙。还以一个久病瘥愈的僧人为例，说明"仙茶"名不虚传。

该书还称，春夏之交，有云雾覆蒙顶山茶树之上，"若有神物护持之者"。

这些传说的加持，让蒙山茶很早就有了"仙茶"的美名，并流传千余年。一直到清末，相关文献关于贡茶的记载中，仍用"仙茶"称呼蒙山茶。

仙茶

如光绪十八年（1892 年），雅安名山县县令赵懿在《蒙顶茶说》中称：每年4 月的吉日，在蒙顶山前设案焚香祈祷后，12 名摘茶僧于官府督办之下，入园采茶，只取一芽一叶，得贡茶 335 叶，供天子郊天、祭祀太庙用。

"每贡仙茶正片，贮两银瓶，瓶制方，高四寸二分，宽四寸；陪茶两银瓶，菱角湾茶两银瓶，瓶制圆，如花瓶式。颗子茶，大小十八锡瓶，皆盛以木箱，黄缣、丹印封之。临发，县官卜吉，朝服叩阙，选吏解赴布政司投贡房，经过州县，谨护送之。"也就是说，蒙顶山仙茶要装入银瓶中，再放入用黄绸包裹的木箱里，用丹印封住。启程送往皇宫时，县令须占卜选出吉日，穿朝服向京师方向叩拜，并派得力官吏解送，经过的州县都要悉心加以看护，直到仙茶抵达布政司投贡房，成为皇帝的祭天用品。

千余年以来，自天子至庶民，对蒙顶山仙茶都敬重无比。

作为贡茶的蒙顶山仙茶，就来自皇茶园，目前其遗址上还有七株茶树。

在清朝，雅安蒙顶山皇茶园的仙茶被列为"正贡"，专门用于皇室祭祀太庙，可以说是清朝最主要的祭祀用茶。在蒙顶山皇茶园之外围绕一块大岩石而生长的数十株茶树所产的茶叶，则为皇帝享用的"副贡"及妃嫔与宠臣饮用的"陪贡"。

关于饮用蒙山茶可以就地成仙的说法，当然带有一定的神话色彩。清朝的《蒙顶茶说》从世俗的角度，解释了皇茶园的七株茶树所产茶叶被称为仙茶的原因："名山之茶美于蒙，蒙顶又美之……世传甘露禅师（吴理真）手所植也。二千年不枯不长。其茶叶细而长，味甘而清，色黄而碧，酌杯中香云蒙覆其上，凝结不散。以其异，谓曰仙茶。"

而当代的陈宗懋院士在其主编的《中国茶经》中，对蒙山茶则有更高的评价："高不盈尺，不生不灭，年长日久，春生秋枯，岁岁采茶，年年发芽，虽产量极微，但采用者有病治病，无病健身，人称'仙茶'。"

中国一直有"茶药同源"的说法，茶最初就是一种药，后来才逐渐演变为饮品。撰写《茶经》的唐朝人陆羽说"茶之为饮，发乎神农氏"，将神农氏奉为茶祖。而关于神农氏，更普遍的说法是："神农尝百草，日遇七十二毒，得茶而解之。"这里的"荼"即"茶",神农氏用茶解毒的故事,最能说明"茶药同源"的历史。

在 1650 年茶叶首次进入英国时,即有评论说:"这就是所有医生都极力推荐的、无与伦比的中国饮料,中国人把它叫作'茶',外国人把它叫作'Tay'或'Tee'。"戎新宇在《茶的国度:改变世界进程的中国茶》中说,原产于中国南方的茶树,很早以前就被中国的植物学界和医药学界所熟知。它以荼、蔎、荈、槚、茗等多种名称出现在古典作品中,因其具有消除疲劳、愉悦心灵、增强意志和恢复视力等效用,得到很高的评价。它不仅被作为内服药口服,还常常被制成软膏外敷,以缓解风湿病疼痛。道教徒主张茶是制造长生不老仙药的重要原料,佛教徒则在长时间的静坐冥想时大量饮用茶水,以驱赶睡意。

在上古时期的中国某些地区,巫也曾使用茶叶这种原始的万病之药,为族人进行某种原始方式的治疗。这也是为什么当"医"与"巫"分家之后,仍有大量的医师及中医药典籍纷纷记录着茶的各种功效:神医华佗认为苦味的茶有提神醒脑的作用,汉代医圣张仲景提出茶有清理肠胃及通便的功效,梁代名医陶弘景表示多喝茶可以"轻身换骨",唐代药王孙思邈也称赞茶有提高注意力、提神益智的功效……无论是上古时期的巫,还是开化之后的医,对茶的各种有益于人体的药用功效皆表示认同,并延续至今,使茶成为当代人保持身体健康的最佳饮品。

在传统医家眼中,蒙山茶有着鲜明的稀缺性,与其他名茶有明显区别。如明代李时珍在《本草纲目》中即称:"真茶性冷,惟雅州蒙山出者温而主祛疾。"这里的"雅州蒙山"即雅安蒙顶山;"温而主疾"是说蒙山茶性温,对轻微的疾病有疗效。

第 3 节 这款贡茶皇室最爱

或许正是蒙山茶如上所述的卓尔不群的特点，令其在诸多名茶中脱颖而出。在中国所有的茶叶中，只有蒙山茶自唐朝始，历经宋、元、明、清，一直到帝制瓦解，在 1000 多年间，始终被皇室青睐，创造了作为贡茶时间最久的中国纪录。

贡茶指的是专供皇室享用的朝廷用茶，据称贡茶的萌芽可追溯到西周，但其制度化则起始于唐朝。和其他贡品一样，贡茶取自民间最优质的茶叶种植区域，通过优中选优而得。毕竟"溥天之下，莫非王土"，在封建制度下，天下最好的产品，自然要源源不断地输送给天子。

关于蒙山茶入贡的最早记载见于《新唐书》。唐玄宗先天二年（公元 713 年），当时浙江籍道士叶法善颇得唐玄宗赏识，被册封为越国公，加号"元真护国天师"。叶法善病逝后，唐玄宗还亲撰《叶尊师碑》以祭祀。正是在叶法善的举荐下，蒙山茶被列为入贡皇室的茶品。

蒙山茶

此时的蒙山茶早已闻名遐迩，自然逃不过叶法善的法眼。唐朝有 17 个郡 40 余种名目的茶叶为贡茶，但其中蒙山茶最受皇室喜爱。

《四川通志》对此的记述为：蒙山茶因其品质优异，自唐朝起，即列为贡茶，专供皇帝祀天祭太庙之用。

唐朝人杨晔在《膳夫经手录》中，对蒙山茶在茶界中的地位亦有如下表述："又尝见《书品》，论展、陆笔工，以为无等，可居第一，蒙顶之列茶间，展、陆之论又不足论也。"

与杨晔同时代的李肇在《国史补》中说得更诚恳："风俗贵茶，茶之名品益众，剑南有蒙顶石花，或小方，或散芽，号为第一。"雅州（今雅安）当时在剑南道管辖之下，所以文中称"剑南蒙顶"。唐朝集中国茶道之大成，陆羽的《茶经》即成书于唐，所以李肇说当时的风俗以茶为贵，名品之茶更是宝贝，而所有的茶叶中蒙山茶"号为第一"。

"号为第一"，与前文黎阳王诗中所谓的"应是人间第一茶"相呼应。可知在唐朝，蒙顶山就被公认为是能产出顶级好茶的茶产地了。

宋朝也是中国茶产业发展的重要时期，古籍中有"茶兴于唐，而盛于宋"的说法。值得一提的是，宋孝宗将"中国植茶第一人"——蒙顶山的吴理真封为"甘露普惠妙济大师"，上清峰的皇茶园也是在那个时候被赐名的，在皇茶园外，还特塑白色石虎巡守。

一直到明朝，浙江湖州文士宋雷在《西吴里语》中还称在历代贡茶中，"蒙顶第一，顾渚第二"。顾渚位于浙江，宋雷不可能贬低自己家乡的茶叶而去吹捧远在千里之外的蒙山茶，所以蒙山茶历千年而仍被誉为"人间第一"的说法是可信的。

"蒙顶第一，顾渚第二"的说法可能源自唐朝，有唐朝诗人刘禹锡的诗作《西山兰若试茶歌》为证："何况蒙山顾渚春，白泥赤印走风尘。"彼时精英社会就将"蒙山顾渚"并举，蒙山茶在茶界的地位可见一斑。

明朝是中国饮茶习惯的一个转折点，此前盛行的"龙团凤饼"（宋朝开创的表面雕龙刻凤的茶饼）被朝廷废弃，"唯采芽茶以进"。奢侈的团茶开始被简朴的散茶所取代，同时将蒸青改为炒青。此后数百年，一直到今天，中国人对绿茶的饮用习惯就这样保持了下来。蒙山茶在明朝茶界的地位极高，属正贡茶，每年"贡京师仅一钱有奇"。皇室也只能获得一钱（约3.13克）多一点点的芽茶，可见其珍稀程度。

蒙山茶为什么会有如此好的品质，又为什么如此受皇室青睐呢？

答案其实非常简单，如当代茶学家鄢敬新在《茶禅一味》中所说：从唐代到清代1000多年，除元代特殊的历史环境外，蒙山茶一直作为蜀中最重要的贡茶进贡给朝廷。在有贡茶的1000多年中，全国各地的贡茶可以说数不胜数，但像蒙山茶这样自始至终保持贡茶地位，而且将皇茶园的"仙叶"作为专供皇室祭天祀祖之专用的贡茶，却极为罕见。贡茶的背后，是蒙顶山地区良好的生态环境、悠久的种茶历史、独特的制作工艺等，显示出蒙山茶优异的品质及广泛的影响力。

第4节 雅茶"受阳气之精，其茶芳香"

"扬子江心水，蒙山顶上茶。"这是茶界耳熟能详的一句话。

中国台湾著名作家林清玄，就是因为久闻这句话的声名，才决定亲临探访。"蒙山顶上茶，生长在四川蒙顶山，为了寻找陆羽所说的天下第一的好茶，我决定到蒙顶山上去看个究竟。"林清玄说，"从雅安上蒙顶山。蒙顶山最吸引我的是，那里有中国历史上最古老的茶园……公元前53年，这里就有了茶园，至今已有2000多年了。中国的茶祖吴理真以北斗七星的方位在蒙顶山上种了七株茶树。2000多年来，人们每一年都会采下这七株茶树的茶叶来祭拜茶祖吴理真、祭拜天地。"

林清玄对这七株茶树产生了浓厚的兴趣。到了蒙顶山，他迫不及待地跑去看那几株茶树。这七株2000多年的茶树，在他的想象中应该有几层楼那么高，结果看了以后他大吃一惊，原来那些茶树的高度大概只有半人高。林清玄在《蒙顶茶》一文中描述道，在吴理真种茶树之前，就有很多野生的茶树，吴理真第一个把茶树种在一起，使其通过种植的方式而长大。它们被种在蒙顶山最高的五个山峰上，高度不超过一尺，不生不灭。这七株茶树产的茶非常珍贵，一般人不可能喝到。除此之外，附近还有很多茶树，每一株都比那七株高大。这些茶树都是后来种的，蒙顶山的后山有很多1000多年的茶树，高度都超过了一层楼。

茶祖手植的七株茶树

在蒙顶山上的永兴寺院内，师父当场泡了一泡蒙顶甘露给林清玄喝。林清玄感到蒙顶山的茶跟别的地方的茶有明显的不同：第一个特点就是甘甜，完全没有苦味；第二个就是清冽，能感觉到一股清气灌入胸中。他向读者慨叹道：如果有机会喝到蒙顶山上的茶，应该深切感恩在 2000 多年前，把野生的茶树重新培育成可以按照季节来采收的茶树的人。有很多了不起的人，不断地研究、创造出了制茶的方法，培育出了更好的茶种，并一代一代地传了下来。

从蒙顶山下来的时候，林清玄吟咏着唐朝诗人白居易的《琴茶》："琴里知闻唯渌水，茶中故旧是蒙山。穷通行止长相伴，谁道吾今无往还。"他抬头望着蒙顶山，看见满山的茶园跟云雾，仿佛自己刚从天上回到人间。

这正应了茶界评判好茶产地最著名的那句话："高山云雾出好茶。"

蒙山茶"号为第一"，和它得天独厚的地理环境分不开。据中国国际茶文化研究会常务理事、中国茶叶流通协会黄茶专业委员会副主任陈书谦介绍，蒙顶山作为世界不可多得的茗茶最适产区，首先在于其地理、地势、地貌、气温、水汽及土壤状况特别适合茗茶的种植与制作，这种"天赋而成的最优自然品质"最终成就了蒙山茶。

陈书谦

"蒙顶山茶园的海拔为 600～1650 米，这是最适合高山茗茶生长的黄金地带。"陈书谦说。一般而言，江南、东南茶区的高山茶园海拔仅 360～880 米，生态上差距明显。

根据茶树生长的地理条件，一般将茶叶分为平地茶与高山茶。平地茶生长迅速，叶片单薄，香味也比较寡淡；相较而言，高山茶芽肥叶壮，色绿茸多，有更好的回甘性。

在气候上，蒙顶山受西南季风影响，属暖温带潮湿气候，年平均气温为

13.4℃。因与周公山共夹一个青衣江，对水汽循环有正向影响，易形成"多雨雾"的小气候环境。初春茶季开始后，蒙顶山就烟雨蒙蒙，雨季达半年之久。"蒙山"之得名，即源于此。这是不可多得的天然要素。

有高山，有云雾，湿度大，气温低，这种条件下的茶叶生长缓慢，有充分的时间滋养。陈书谦说，蒙顶山冬暖夏凉，年平均日照时数为900多小时，非常接近茶树6000多万年前发育于原始森林中的原生态光热条件，这是其他产茶区难以复制的优势。

古人也认识到了这一点，所以唐代方志《图经》中说："蜀雅蒙顶茶……春夏方交茶生，常有云雾覆其上，若有神护之""蒙顶有茶，受阳气之全，其茶芳香"。

蒙顶山类似"受阳气之全"的说法，屡见于传统史书。如宋代王象之在《舆地纪胜》中称："《九州记》记云：蒙山者，沐也，言雨露蒙沐，因以为名。山顶受全阳气，其茶芳香。"北宋地理志书《太平寰宇记》亦载："蒙山在名山县西七十里，北连罗绳山，南接严道县。山顶受全阳气，其茶芳香。"

此外，蒙顶山的土壤条件优越，有机质丰富，富含腐殖质，全氮、可溶性磷含量高，土质偏酸性，pH值为4.5～6，渗透、储水性能好，所以特别适于耕作、保肥，最宜植茶。所谓"蜀土茶称盛，蒙山味独珍"并非浪得虚名。

按照唐朝陆羽《茶经》的说法，即便有天赐生态，还是要有好的栽培技术："凡艺而不实，植而罕茂。"没有精湛的栽培技艺，茶树同样不能茂盛成长。而这也正是蒙山茶的长处，因自唐朝起一直是贡茶，所以蒙山茶对栽植管理的要求很高。

"'五顶参差比，真是一朵莲。'秀丽的蒙顶山，孕育出了这里独一无二的茗茶。"在中国轻工业出版社2018年11月出版的《寻茶记：中国茶叶地理》一书中，是这样介绍蒙山茶的品质特征的：凭借得天独厚的自然条件，蒙山茶越来越受到人们的欢迎。蒙山茶外形紧结多毫，干茶色泽嫩绿；冲泡后香气馥郁，芬芳鲜嫩；汤色碧绿中带点青黄；滋味鲜爽，浓郁而有回甘；叶底嫩芽秀丽而舒展。蒙顶山常年烟雨蒙蒙，云雾缭绕，减弱了太阳光的直射，使散射光增加，这样的生态环境有利于栽种的茶树中含氮化合物的合成，同时也可以增加氨基酸、咖啡碱、维生素的含量。

茶叶的药用价值，在欧美国家曾经历过一番争论。美国学者简·T. 梅里特写道：长期以来，中国人一直认为茶可以治疗痛风、消化不良及胃反酸，但欧洲的批评者往往对它的药用价值持怀疑态度。18 世纪早期，法国作家皮埃尔·波梅特承认茶有许多功效，可以帮助人们舒缓和恢复精神，防止癔症，抵御和驱赶睡意，增强大脑和心脏功能，提升消化能力和排尿能力，净化血液，还能预防维生素 C 缺乏症。还有一位外国的评论家说茶是灵丹妙药，对治疗头疼感冒、肠胃不适和乏力嗜睡都有效果，常用于治疗肺结核患者、瘦弱的痨热病患者、咳嗽患者、严重的溃疡症患者。

在《茶叶里的全球贸易史：十八世纪全球经济中的消费政治》一书中，梅里特还提到，18 世纪的英国饮茶者，赞誉中国茶为"上帝之草""东方灵草""众神之琼浆"（英国诗人和翻译家彼得·莫特所言）。

经过几千多年的发展，这一"东方灵草"已经有了成熟的工艺形态，按照加工方法及品质特色的差异，可将其分为六大类：绿茶、白茶、黄茶、青茶、红茶和黑茶。四川省茶叶行业协会副会长陈开义说，先天的地理气候禀赋和后天的栽植加工技艺，让雅安成为国内唯一一个能同时生产六大类茶的区域。

这里需要格外提及的是黑茶。我们通常所说的湖北老青茶、湖南黑茶、普洱茶和藏茶，都属于黑茶。而雅安正是藏茶的发源地。据记载，雅安蒙山茶自东汉起，由民间商人、茶户与藏族人民自行交易，到了唐代，因文成公主进藏，蒙山茶得以大规模传入藏区，并很快成为藏族人民的日常饮品，有所谓"宁可三日无粮，不可一日无茶""一日无茶则滞，三日无茶则病"的说法。

第5节　川藏茶马古道起点

藏茶的内核非常饱满，它浓缩了上千年边贸交易、民族团结与饮食文化的细节。这部波澜壮阔的商品开拓史，同时也是多民族茶文化的融合史。

四川省雅安市雨城大兴新区有一座"中国藏茶博物馆"。这里是雅安的新文化地标，被称为雅安—中国藏茶城。这是一个名副其实的称谓，展现了一个在历史的河流中浸润日久刚刚浮现出来的面貌。

中国藏茶博物馆

中国藏茶博物馆的建筑很新，共四层。2021年动工时，如何在石材板块间体现茶马古道的藏茶与西康文化元素，成为优先被考量的要素，而设计者显然经过了一番巧思。"要通过天然石材材质、色彩和质感来隐喻'藏茶文明',好似在建筑表面形成一层神秘的'面纱',彰显雅安厚重的文化底蕴,让博物馆在参观者眼中带有历史感。"项目负责人说。

说起藏茶,虽然其名称中带有西藏的"藏"字,但其并非发源于西藏。公元641年,唐朝文成公主进藏时,主要输出的物品有茶叶、布绸和钢铁。其中,茶叶以蒙山茶为主。《西藏政教鉴附录》对此有所记载:"茶叶亦自文成公主入藏地也。"

藏区的饮茶风俗,即盛行于文成公主进藏和亲松赞干布之后。

比较流行的说法是,在入藏过程中,因为沿途多雨导致茶叶被雨水浸泡,蒙山茶遂演变成全发酵的黑茶,有了与绿茶完全不同的味道。不过,雅安市名山区茶业协会秘书长钟国林说,茶叶在背夫身上遭雨淋发酵而成藏茶的说法并不可靠。

更可靠的说法是,为避免运输过程中茶叶受损,采用蒸压方式将蒙山茶加工成茶砖茶包成为茶商的一种主要选择。

我国高校教材《制茶学》称:"(黑茶)起源于11世纪前后,四川绿茶运销西北,交通不便,运输困难,必须压缩体积,蒸制为边销团块茶,便于长时远运。将绿毛茶加工为团块茶的半成品,要经过20多天湿堆才能变黑。通过这样的实践,人们有了对茶叶变色的认识,就采取了新的技术措施,发明了黑毛茶的制法。"

起源于11世纪前后、远销西北的黑茶就是藏茶。由此亦可知,藏茶是最早的黑茶。

藏茶是藏族人民最喜欢的饮品,经熬耐泡,适合配成清茶、奶茶、酥油茶。

在唐朝,川藏商贾有着初步的茶、马商品交换;到了宋朝,则形成了"以茶治边""茶马互市"的制度。这条互利互惠的商业交易通道，史称"茶马古道"。

而川藏茶马古道的起点，正是雅安。

茶马古道的起点是雅安

沈嘉在《我爱喝黑茶：鉴赏·冲泡·茶艺》（电子工业出版社 2012 年 9 月版）一书中，回溯黑茶的源头时表示：我国六大茶类中，黑茶属于再发酵茶类。黑茶是可以储存的茶类，汇集深沉与古朴于一身，是记载中国茶叶历史发展的一大重要轨迹。最早期的黑茶生产制作地是四川，黑茶是由绿茶演变而来的。

沈嘉说，西藏等地因为气候原因，不适宜种植蔬菜瓜果及茶树，人们在日常饮食中多食用肉类和奶类食物。长期食用这些食物容易导致消化不良，脂肪类物质沉淀在体内，缺乏维生素，会对身体健康造成影响，使人容易患上各种疾病。而黑茶中所含的物质及其功效，可以很好地补充人体内所缺的一些维生素并助消化、去油腻。所以，黑茶便成了藏族人民的生活必备品。

在北宋初年，仅雅安名山百丈一地，每年都会有10万余驮（每驮50千克）茶叶被知州派人运往藏区，换回大量战马。茶马古道一路崇山密林，途中有大河阻断，路途艰险，全靠脚夫、驮马接力运送。"多少贫民辛苦状""霪霖雨汗冷云中"（清按察使牛树梅诗《过相岭见负茶包有感》）的苦旅背后，倒成就了藏茶边销的传奇。

明朝洪武年间，朱元璋在其统治时期，专门辟地在雅安设立了大名鼎鼎的"雅州茶马司"——这是目前我国唯一现存的古代茶马交易管理机构遗址。

雅州茶马司

现在，我们仍能从"雅州茶马司"的石碑碑文中，窥见茶马互市曾经的辉煌："宋时因连年用兵，所需战马，多用茶换取。神宗熙宁七年，派李杞入川，筹办茶马政事，于名山，以名山茶易马用……明洪武时，对茶叶实行官买官销，由茶马司主持交易……"

雅州茶马司的石碑碑文

据估计，两宋时期四川每年至少有 750 万千克的茶销往西北地区。在明朝鼎盛时期，雅州茶马司一日接待藏羌茶马贸易商队的人数竟达 2000 余人。50 千克蒙山茶，可换四尺四寸（约 1.4 米，指马背的高度）大马一匹。

在西藏，雅安藏茶有着超出一般饮品的医疗保健意义。

藏茶是中国黑茶的鼻祖，是生活在高原地区的藏族人民的主要生活饮品，茶对藏族人民来说，如同青藏高原上流淌的生命的血液。西藏地处高原，那里缺氧、辐射强，蔬菜水果产量很低，藏族人民常年以肉食为主，辅以青稞炒面（亦称糌粑）。而茶就作为一种生活饮品在藏族人民的生活中起着主导作用。薛慧在《藏医养生密码》一书中特别强调了藏茶的功用：藏茶，雪域高原上的人们的健康守护神。如今，"藏茶保健"已在国内外掀起热潮。由于藏茶多方面、双向调节的功能，使它的适用人群非常广泛，无论胖瘦，都可以通过饮用藏茶获益。

"茶对他们来说，不是一般意义上的饮料，而是生活中不可或缺的圣物。千百年来，藏茶保障着生活在高寒、缺氧、强辐射的雪域高原上主要食用高油脂食物的藏族人民的健康。"薛慧说。

和其他黑茶不同，雅安藏茶的传统制茶工艺从采茶阶段就有所不同：要用一把特制的月牙小刀割下3～4厘米长的鲜叶，以一芽五叶以内的茶树新梢为原料。整个雅安藏茶的传统制茶工艺包括杀青、揉捻、渥堆、发酵、成型等32道工序。其中，需要特别强调的是多次渥堆、发酵的特殊工艺，这使藏茶具有了低儿茶素、低咖啡碱、高茶多糖、高茶色素的特点，特别有益于健康。

藏族谚语说"青稞之热，非茶不消，腥肉之食，非茶不解"，其背后有着营养学的原理。

明代文学家汤显祖曾赞美雅安藏茶曰："黑茶一何美，羌马一何殊。"

而明代著名文学家、四川按察司提学佥事王廷相在《严茶议》中，将藏茶上升到"关系国家政理之大"的高度，显然也是从茶叶统合西域民族的意义上着眼的："茶之为物，西戎吐蕃古今皆仰给之。以其腥肉之食，非茶不消；青稞之热，非茶不解，故不能不赖于此。是则山林草木之叶，而关系国家政理之大，经国君子固不可不以为重而议处之也。"

而"藏茶"概念的正式提出，则相对较晚，最早见于光绪三十三年（1907年）《四川官报》第九册中的四川商办藏茶公司筹办处章程。从此，以雅安为中心边销藏区的黑茶就被称为"藏茶"。

第 6 节　来自毛泽东主席的指示

有"号为第一"的蒙山茶和作为黑茶鼻祖的藏茶这两大招牌，雅茶在中国茶叶史中的地位不可撼动，这是由其茶叶品质决定的。

但宋朝之后，随着国都从西安迁往开封、杭州、北京等地，雅安距离中国政治、经济、文化中心越来越远。虽始终为贡茶，但在交通不便的民间，蒙山茶渐渐变得鲜为人知，倒是皇城周边的一些茶叶开始声誉日高。

只有那些真正懂得品茶的雅士，如明朝浙江文人宋雷还在公开撰文宣称历代贡茶中"蒙顶第一，顾渚第二"。

"从历史角度看，蒙山茶的品牌价值受到了地理因素的影响，而这些年亦受到了市场化的影响。"雅安职业技术学院蒙顶山茶产业学院院长任敏说。

待到清末，贡茶体系崩塌，雅安名山县知县仍派"委员"驻扎蒙顶山，按照古制采摘加工茶叶，用于重大祭祀或馈赠场合。徐心余在《蜀游闻见录》中描述了蒙山茶难求的景象："川西雅安府有蒙山……所产贡品，世间无有购者，或与'委员'有交谊，偶赠三、五匣。匣以锡为之，每匣十片……与寻常市茶绝不相类。"

清朝灭亡，进入民国时期后，茶叶市场开始在混乱的军阀割据中寻找安身之地。

1915 年，"四川蒙顶红绿茶"代表四川商会参加了美国旧金山举办的巴拿马太平洋万国博览会，获得了"金牌奖章"。这个奖章的含金量极高，意味着蒙山茶获得了国际顶级博览会的认可。

金牌奖章

但好的品质还需要有好的市场营销。民国时期的雅安仍然鲜为人知，其茶叶的知名度再度受到冲击。在民国报刊中，偶尔也有"雅安茶产业衰落"的报道。

由于连年内乱与外敌入侵，民国时期的茶产业衰落是全方位的，既包括外销、内销，也包括边销。以边销为主的藏茶，销量波动尤其严重。19 世纪 30 年代，国民党政府制定的边销政策极不合理，譬如 50 千克羊毛只能交易三包砖茶

（每包 3 千克）。这自然降低了边销的销量份额。加上印度茶叶自 1904 年后低价进入藏区，也日渐挤占了藏茶既有的市场。

印度茶叶冲击藏茶市场，只是当时世界茶叶格局重新分配的一个缩影。就连孙中山都在《建国方略》中讨论过这个议题："前此中国曾为以茶叶供给全世界之唯一国家，今则中国茶叶商业已为印度、日本所夺。惟中国茶叶之品质，仍非其他各国所能及。印度茶含有单宁酸太多，日本茶无中国茶所具之香味。最良之茶，惟可自产茶之母国即中国得之。"

孙中山认为，中国仍然具有全世界最好的茶叶，但市场却被印度茶、日本茶挤压，原因有很多，既包括赋税过重，又和中国缺少制茶新工艺相关："若除厘金及出口税，采用新法，则中国之茶叶商业仍易复旧。在国际发展计划中，吾意当于产茶区域，设立制茶新式工场，以机器代手工，而生产费可大减，品质亦可改良。"

在这之后，中国茶商也本着"拿来主义"的原则，学习国外茶界先进的一面。

1940 年，著名的《良友》杂志在第 158 期上刊发了"雅安茶叶"的广告，内称"茶叶为雅属最大的生产事业，雅茶的行销康藏，历史甚久，通称边茶……销额极大，惜近年曾因印茶倾销西藏而渐呈衰落，自西康政府成立后即设法救济，着重于改良生产制造及推广运销事宜，并由茶商合组公司统一经营，故渐复旧观。廿九年（1940 年）省府并准雅茶推广于泸定种植，俾增加产量，康省茶叶之品质行销，更有蒸蒸日上之势。"

雅茶已经开始夺回曾经失去的茶市江山。

混乱的局势在 1949 年之后逐渐安定下来。1959 年外贸部举办的全国第一次名茶评选活动，可以看作中华人民共和国对既往千年茶叶品牌的一次总结。在这次评选中，蒙顶甘露被评为中国十大名茶之一。

蒙山茶在作为贡茶的漫长历史中，因种植、采摘与制作工艺的不同，而被分成数种不同风味的茶，包括蒙顶甘露、蒙顶石花、蒙顶黄芽、万春银叶、玉叶长春、蒙山春露、蒙山毛峰等。而蒙顶甘露无疑是其中的翘楚，最能代表当代蒙山茶的品质。

　　蒙顶甘露与碧螺春外形相似，均紧卷纤细、身披银毫，而两者风味的细微差异，通常只有行家才能品鉴得出。茶如其名，蒙顶甘露的茶汤如甘露一般沁人心脾，纯净、甘甜、香气馥郁而又带有灵性。或许用北宋宰相文彦博《蒙顶茶》诗中的一句话来形容蒙顶甘露最为妥帖："旧谱最称蒙顶味，露牙云液胜醍醐。"

蒙顶甘露

至于藏茶，其与蒙顶甘露同宗同源，而特殊的制作工艺使其具有褐叶红汤、陈醇回甘的独特品质。

褐叶红汤、陈醇回甘的藏茶

值得一提的是，在评"中国十大名茶"的前一年，1958年春，中央经济工作会议在成都召开。时任雅安名山县委书记的姚清，特地将加工好的蒙山茶送给毛泽东主席等中央领导们品饮。事后，时任四川省委书记李井泉传达了毛泽东主席的指示："蒙山茶要发展，要与广大群众见面……"此后，蒙顶甘露即作为"特制茶""特供茶"于每年精选后送往北京。

在此阶段中，因公私合营，雅安的茶叶种植、制作和销售更多是以国营茶厂的方式来进行的，限于计划内循环。

"19 世纪 80 年代，我小学的时候，学校组织去蒙顶山春游，要走到半山腰才有茶园。"四川省茶叶行业协会副会长、雅安市农业农村局四级调研员陈开义回忆道。

蒙顶山茶园

长期的计划内循环，意味着蒙山茶错失外部市场，以至于改革开放后，雅安的蒙顶甘露等茶于 1984 年销往香港市场时，香港《文汇报》还以"昔日皇帝茶，今入百姓家"为题，做了专门报道，报道称蒙山茶"不愧为实至名归之茶中极品"。

也正是在 1984 年，在雅安一个叫葫芦村的地方，村民李明全开始承包大头坡 300 亩（1 亩≈666.7 平方米）的老川茶茶园，茶园在山上海拔 1000～1300 米处，开车从家里到茶园也要半小时。那是一片撂荒的茶园，到处都是横生的树枝，李明全用了几年时间去清理它，第一年只采了 2.5 千克茶。"那时蒙山茶还没有发展起来，外商开始来雅安交易茶叶要到 20 世纪 90 年代以后了。"他说。

据前雅安外贸局局长邓中文介绍，在计划经济时期，雅安茶叶的生产、收购、加工、销售，都归外贸系统管理。销售主要有几个渠道：一个是边销，销往藏区；一个是内销，工厂没有销售权，需要按照计划调拨销售；一个是外销，也就是出口。各个国营茶厂都是按计划执行的。

到了 1993 年，本书开篇提到的黄奇美开始进入茶产业工作时，选择的仍是国营茶厂——四川蒙顶山茶叶集团公司，国营仍是当时雅安茶厂的主流形态。

"那时雅安的茶厂很少，我们也会到附近的峨眉山市等地去散批，但效益并不好。"黄奇美说，在她离职创业的 1998 年，私营茶厂开始在雅安涌现。

黄奇美进入国营茶厂工作的 1993 年，雅安茶界发生了一个重要事件。这一年的 5 月，雅安举办了"名山国际名茶节"，引起各界极大关注。10 多个国家的客商和国际友人，1500 多家商户共计 5000 余人参加了此次活动，21 家中央、省级媒体对活动进行了报道。据不完全统计，活动期间经贸商品成交额达 1.78 亿元，初步衔接合作项目 33 个，引进技术 20 项，引进资金 6573.8 万元。

在 1993 年的雅安，一个活动能取得如此效果，是惊人的成就。

雅茶沉寂数十载的名气，由此一飞冲天。1994 年，时任四川省委书记谢世杰亲自带队前往泰国，牵线雅茶与泰国正大集团的合作。而川西茶叶市场，也在 1994 年建成并投入使用。随着雅茶市场占有率不断提高，世界茶都茶叶交易市场也在蒙顶山下站稳了脚跟。

2015 年 3 月 12 日，在第十一届蒙顶山茶文化旅游节开幕式上，中国茶叶流通协会授予雅安"中国茶都"称号。

蒙顶山茶文化旅游节

但长期以来，雅安茶企多满足于面向全国茶商的批发，而对构建自身品牌出力不大，以至于手里握着蒙顶甘露与雅安藏茶这两件"稀世珍宝"，却仍然未能抢占品牌高地，恢复传统荣光。

2019 年，雅安市委政策研究室、农业局在一份调研报告中，强调"品牌是一个区域茶产业发展的灵魂"，建议改变以前"撒胡椒面"式的做法，整合项目、资金、人才等资源，围绕绿茶、黑茶两大主要茶产品品类，强化龙头企业的引领作用，构建"集团公司做品牌、闯市场"和"小企业做初精加工、搞生产"的社会化分工体系，形成既相互独立又相互依存、初级生产和精制加工合理布局的"种植—加工—流通"发展格局。

这份调研报告指出，蒙顶山茶叶交易所有限公司（简称蒙顶山茶交所）是由证监会牵头的国务院 24 部委部际联席会议验收通过的茶叶类大宗商品交易所，是目前中国唯一的茶叶专业交易所。这也是雅茶产业发展的最大优势之一，但因为受管理、资金、技术、人才等方面的制约，其对雅茶产业发展还未发挥强有力的支撑作用。如能将其打造成全国茶叶网上销售最权威的平台，将有效提高雅茶的品牌影响力。

很少有一种茶叶有雅茶这样悠久的历史文化积淀与"历千年而不坠"的优良品质，但近百年来，它的发展进入了一个瓶颈期。"有品质，无品牌"的现实，始终是悬在雅茶产业头上的达摩克利斯之剑。

如何让"号为第一"的雅茶为更多人所知晓？如何将雅茶文化普及到每一位茶者心中？如何让好茶被所有爱茶人共享？

相信"品质才是硬道理"的雅安茶人，正精益求精让蒙顶甘露与雅安藏茶以最佳品质出现在国人的茶桌前。他们也开始着眼于走出深巷的品牌营销。

喝茶应喝"人间第一茶"，这似乎成了雅安茶人共同的愿景与目标。

正是在这样自省与奋发的逐梦过程中，雅安开始了破冰行动，一个复兴雅茶的伟大梦想正在成为现实。

雅茶集团应运而生。

雅茶集团揭牌仪式

第 2 章

大国之饮，从"非遗殿堂"走向世界

第 1 节 "打响雅茶品牌"

2023 年 11 月 23 日，著名演员濮存昕参加了雅茶集团一周年庆暨雅茶发展研讨大会，与雅安市委书记夏凤俭有了一次面对面的谈话。

夏凤俭书记与濮存晰等出席周年庆大会嘉宾合影留念

濮存昕是雅茶集团的品牌代言人，他是真心喜欢品茗雅茶。他也想听一听盛产雅茶的地区的官员对雅茶发展有着怎样的见解。夏凤俭刚到雅安任职不久，他围绕下述三点做了阐释：一、保护和利用好雅安的山、水、土壤、生态环境，奠定做好茶的基础；二、引导国企，扩宽市场资源和销售渠道，结交新人脉，增强知名度；三、提炼茶文化，突出茶品牌，统领茶叶市场和提高区域知名度，做强茶品牌金字招牌。

寥寥数语，道出了夏凤俭书记对雅茶集团未来发展的思考，既有战略高度，又有具体的战术思想。

在此之前，夏凤俭书记在雅安名山区调研时就强调，要培养、做大茶产业，就要在培育龙头企业、提升附加值、提高品牌影响力等方面下大功夫，还要统筹推进茶文化弘扬、茶产业发展、茶科技创新，延长茶产业链、价值链，提升茶产业的核心竞争力。

夏凤俭书记调研雅茶集团藏茶厂

在与濮存昕的对话中，夏凤俭书记提到了习近平总书记对茶文化、茶产业、茶科技统筹发展作出的重要指示，并表示雅安要贯彻习近平总书记关于"三茶"统筹发展的重要指示精神，具体体现在尽最大可能强化"雅茶"品牌，振兴"雅茶"产业。濮存昕对此深表认同。

夏凤俭书记与濮存昕交换关于雅茶发展的意见时，雅茶集团董事长古劲亦在身边陪同，他感受到了鼓舞，内心也更加坚定地认为在市委领导的正确领导下，雅茶集团一定会做出优异成绩。

古劲是雅安中青年干部的中坚力量，做过乡镇和县级领导，还曾是雅安国家农业科技园区的管委会主任，既懂农业，又懂科技，同时也熟谙企业运营。在执掌雅茶集团之前，他的身份是雅安市重要国企——雅安市农业和水务投资有限公司的党委书记、董事长。

筹建雅茶集团的计划始于2022年3月，古劲被锁定为第一人选。他当时掌管的雅安市农业和水务投资有限公司，其资产总额达60余亿元，这些年一直做得有声有色。公司2022年的在建项目有10个，其中市重点项目有两个，总投资约15亿元。他以雅安市农业和水务投资有限公司为基础组建了雅茶集团——四川雅茶控股集团有限公司，新公司以"雅茶"为名。

原雅安市农业和水务投资有限公司

雅茶集团于2022年4月27日正式完成了工商注册，注册资本10亿元，内设部门12个，子公司（含二、三级子公司）14家，共有职工623人。"做响雅茶品牌，振兴雅茶产业！"古劲雷厉风行，习近平总书记说过的"撸起袖子加油干"是他长期以来的信条。

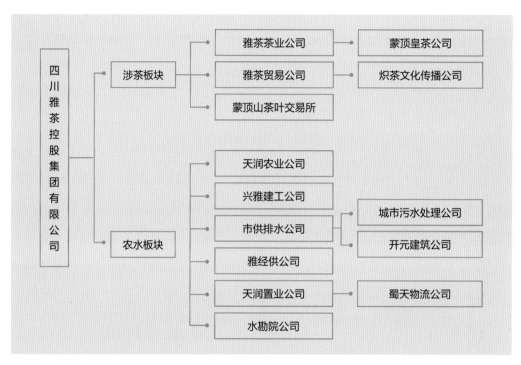

雅茶集团组织结构概览图

"雅茶"的名字，已经酝酿了许久，只待一个机遇就会破土而出。雅安市茶叶流通协会会长、雅安市农业农村局四级调研员陈开义也是雅茶品牌的提出者。在他的建议下，雅茶在五年前就注册了商标。"雅茶，不仅是雅安茶叶的简称，它的品牌内涵还包括一种高雅的生活方式。"陈开义说。

雅茶商标

雅安有着深厚的茶文化底蕴和坚实的茶产业基础，这一点毋庸置疑，但如何推动雅茶高质量发展，则牵涉战略选择。对于雅茶，雅安市当时确定的原则是，要坚持政府主导，在产业规划、政策支持、市场拓展、平台建设、宣传推广上站出来勇敢担当。要坚持全市一盘棋，攥指成拳、形成合力，打响雅茶品牌。茶企要齐发力，心往一处想、劲往一处使，共同把雅茶产业做优、做强、做大。要抓紧做方案，出台硬措施，拿出真办法，充分调动各方积极性，巩固好育苗、种植、加工、研发的成果，做好品牌推广和市场拓展。要尽快见成效，整合各方资源，精准靶向发力，确保蒙顶山茶文化旅游节举办、（蒙顶山）茶交所建设、茶博会开展、茶技术研发等方面的工作都有新突破。

"攥指成拳、形成合力，打响雅茶品牌。"这14个字，是经过深思熟虑而确定的方针。

雅安市委副书记、市长彭映梅指出：组建雅茶集团是推动雅安农业现代化提质增效的积极探索，是做深做细做实"三农"工作，全面推进乡村振兴的有效载体，更是省委、省政府打造"千亿川茶产业"部署的重要举措。希望雅茶集团聚焦主责主业，主动担当作为，通过市场化运作、专业化发展、多元化经营、现代化管理，不断成长壮大，切实带动雅茶产业强起来、茶农富起来。

雅茶集团参加第二十届蒙顶山茶文化旅游节，雅安市委副书记、市长彭映梅品鉴雅茶

参与了前期调研的陈开义说："茶不像酒这种快速消费品，它是慢销品。现在，全国的茶叶市场已经饱和，为了提高雅茶的品牌形象，开拓更大市场，顶层设计上需要有更高的站位。"雅安市领导最终决定，要在短期内实现目标，靠民企有相当大的难度，民企在政策上远远不如国企有优势，利用国企强力推动因此成了必然选择。陈开义用八个字来形容这一场攻坚战："任重道远，未来可期。"

雅安市要扎实抓好并全面推进乡村振兴重点工作，"首位做强雅茶产业"。"雅茶"被上升到推动雅安乡村振兴的产业之首。现如今，在夏凤俭书记的领导下，雅茶集团要打一场攻坚战，任重而道远，必须倾尽全力完成使命。

第 2 节　雅茶人的使命

雅茶集团注册完成后，董事长古劲优先做了几件事。

首先，他要在蒙顶山自建一块最好的茶园，作为雅茶品牌的品质保证，以此为基地，结合现代科技完成茶叶从种植到采摘的标准化、数字化、科技化。毕竟陆羽在共计三卷十章的世界第一部茶叶专著——《茶经》中，开篇讲的就是"茶之源"，强调茶叶生长环境的重要性。譬如"野者上，园者次。阳崖阴林，紫者上，绿者次；笋者上，牙者次；叶卷上，叶舒次。阴山坡谷者，不堪采掇……"等论断，即便在今日看来仍不过时。

最好的海拔高度，最好的日照条件，最好的土壤环境，最好的水汽含量……在最苛刻严格的筛选标准下，雅茶集团觅得两处宝藏茶园，其中 0.6 平方千米位于蒙顶山，于 2022 年 7 月获得有机茶认证，另在地处雨城区绿色食品茶叶原料整体认定范围内的陇阳开辟了另一块茶园，同样为 0.6 平方千米。

雅茶集团茶园

"有机茶"是中国茶叶的最高标准。20世纪90年代,我国提出的绿色食品茶,包括A级、AA级和有机茶三类安全层级逐步提高的产品。有机茶意味着按有机农业生产的要求进行种植与生产加工,全程遵循国际有机农业运动联盟的《有机生产和加工基本标准》。有机茶不仅在生产过程中禁止使用化学肥料、农药、除草剂、食品添加剂等化学合成物质,所采的鲜叶也要按有机茶技术规定予以加工,不能有重金属污染,并经过有机食品认证机构审核后才能获得有机茶标识使用权。

"有机茶代表人与自然和谐共生,它是一种理想的生产方式,代表着未来人类的追求方向。"四川省茶叶流通协会原秘书长陈书谦说。

古劲并不满足于雅茶得天独厚的地理条件与有机茶认证,他决心创新茶园管理模式,打造高科技雅茶种植示范基地。

为进一步保证茶园生态环境持续稳定,雅茶集团在旗下茶园基地陆续投入视频AI监控、环境监测、病虫害测报等设备100余套,实时监测茶园土壤、气候、水分等茶叶生长要素,成功实现茶园可视化监管和一体化操作,在基地内切实推广、应用绿色病虫害防控技术,为进一步实现雅茶产业科技赋能,助推雅茶产业高质量发展迈出了坚实的一步。

在雅茶集团数字农业指挥中心，大屏幕上实时显示着茶叶的生长环境数据，各茶叶基地的运行状况一目了然。

雅茶集团数字农业指挥中心

将中国茶叶的品质做到最好，不辜负雅茶"应是人间第一茶"的美名，这是古劲的理想。他追求的方向是，让雅茶不仅在国内市场站稳脚跟，更要走出国门，在全世界绵延茶祖吴理真的荣光。

这当然并非易事。

刘年艳在《中国茶业全球化之路》一书中，从全球竞争的角度，提及中国茶产业的几个问题。其中一个是"创新能力有待加强"：茶树良种普及率过低，有机良种茶园极少。我国有机茶园的面积占茶园的总面积还不到5%。科技创新水平有待提高是影响我国茶产业全球化的最大瓶颈。

雅茶集团深刻认识到了这一点，企业的一个小目标是让雅茶的品质始终占据中国茶产业前5%的高位。有机茶园、良种、科技创新……这些都是雅茶集团念兹在兹的关键词。

雅茶集团在良种繁育上下足了功夫，它已建成了四川省唯一的国家级茶树良种繁育场（简称茶良场），建设了雅安市现代茶叶科技中心，并构建了"茶良场＋新农村研究院茶叶产业部＋专家团队＋企业＋茶叶专业合作社＋茶农"的良种选育与推广模式，先后选育和合作选育出了蒙山系、名山系、川茶系、天府系四大系列共 14 个省级茶树良种。

同时，为加强茶产业资源整合，共建雅茶优质基地，雅茶集团推出了"院企合作""协议茶园"等创新模式，与四川省农业科学院茶叶研究所签订了科技研发战略合作协议，围绕雅茶品种选育、茶园土壤改良和酸化治理、标准管护等问题进行研究，按照有机和绿色示范茶园标准，为全面提升茶园基地标准提供技术支持。双方合作的科技成果的转换非常迅速，目前，180 余项茶叶类专利已全部转化为产品应用。

雅茶集团采用"公司＋合作社＋农户"的供应模式，通过确定基地建设标准、基地管护标准、鲜叶收购标准三个标准，整合了茶产业资源，打通了上下游产业链条，加快了雅茶产业的转型升级，使所选的这两处茶园成为雅茶集团永久性的示范区。

从源头把控雅茶品质，才能夯实雅茶产业基石。雅茶集团要在保护生态的同时，融入科技，发展茶园经济，让生态保护理念日益深入人心。

除此之外，为充分发挥雅安丰富的茶文化旅游资源优势，雅茶集团将"数字茶园＋茶山风光＋休闲文旅"运营模式融入茶园基地建设，打造了一批集种植基地、茶山观光为一体的茶旅融合示范茶园，让茶区变景区，奏响乡村振兴富民曲。

按规划，到 2025 年年底，雅茶集团的协议基地将达 33.3 平方千米。

雅安市委副书记刘吉祥强调，雅茶集团作为雅安涉茶龙头企业，要肩负起"做响雅茶品牌，振兴雅茶产业"的使命，贯彻习近平总书记关于"三茶"统筹发展的重要指示精神，做好茶文化、茶产业、茶科技这篇大文章，构建新发展格局，打造雅茶产业新质生产力，为雅茶集团高质量发展提速增效。

雅安市委副书记刘吉祥调研雅茶集团

站在蒙顶山山顶，向下远望，雅茶集团的核心茶园基地在云雾中隐约可见。空气中飘浮着清幽淡雅的茶香，这里是"世界茶源"所在地。雅茶，这片神奇的东方树叶，正可谓如在仙境中一般生长。

第 3 节　给雅茶集团一个杠杆

将时间从任命雅茶集团董事长那一刻起，向前回溯一年。

2021 年 3 月 22 日，习近平总书记在福建省武夷山市生态茶园考察时强调，要统筹做好茶文化、茶产业、茶科技这篇大文章，坚持绿色发展方向，强化品牌意识，优化营销流通环境，打牢乡村振兴的产业基础。

习近平总书记关于"三茶"统筹发展的重要指示精神，宛如春雨滋润茶乡，为新时代中国茶产业的发展指明了方向。

雅茶集团自成立的第一天起，就将习近平总书记关于"三茶"统筹发展的重要指示精神融进了企业文化的每一条纹理中，让每一片茶叶都名副其实地承载"应是天下第一茶"的美誉。

党的十八大以来，雅安市委、市政府一直强力实施科技、龙头、市场、品牌、文化"五大兴茶战略"，强力推动雅茶产业转型升级，而雅茶集团的创立，象征着雅安走出了一条文化赋魂、科技赋力、产业赋能的三产融合发展新路。

雅茶集团特别看重"科技"在茶产业中的"赋力"。回顾历史，中国茶产业在处境最艰难的清末与民国时期，在与外国茶叶的竞争中处于劣势，其很大一部分原因在于科技的落后，茶叶从种植、加工到市场营销，均因循传统旧路径，与世界趋势脱节。

19 世纪起，起源于中国的茶叶开始在全世界风靡，但吊诡的是，中国本土茶叶在国际市场上并不受待见。朱自清 1935 年 2 月 4 日在《吃的》一文中，曾提及中国茶叶在此中的窘境：

"英国人每日下午四时半左右要喝一回茶，就着烤面包黄油。请茶会时，自然还有别的，如火腿夹面包，生豌豆苗夹面包，茶馒头（tea scone）等等。他们很看重下午茶，几乎必不可少。又可乘此请客，比请晚饭简便省钱得多。英国人喜欢喝茶，对于喝咖啡，和法国人相反；他们也煮不好咖啡。喝的茶现在多半是印度茶；茶饭店里虽卖中国茶，但是主顾寥寥。不让利权外溢固然也有关系，可是不利于中国茶的宣传（如说制时不干净）和茶味太淡才是主要原因。印度茶色浓味苦，加上牛奶和糖正合式；中国红茶不够劲儿，可是香气好。奇怪的是茶饭店里卖的，色香味都淡得没影子。那样茶怎么会运出去，真莫名其妙。"

在 19 世纪 30 年代，充斥英国市场的是印度茶，中国茶甚至连制作时最基本的干净、卫生都做不到，更遑论利用现代科技改良工艺了。

近百年来，陆续有中国茶产业先驱出国考察并在各大茶区兴办茶叶研究所等机构，改良制茶工艺。但"科技赋力"是无止境的，现在又到了一个新的节点。

单有茶园还不够，生产加工也是决定茶好不好的关键环节。传统的制茶过程，既无食品卫生标准，也难以流水化生产，早已经不适应时代。1937 年，吴觉农和范和均合著了《中国茶业问题》一书，痛陈中国茶产业制造的缺点。但到了 19 世纪 80 年代，中国仍面临相同的问题，制茶工艺在 50 年间进步甚微。进入 21 世纪后，仍到处可见混乱而拥挤的传统加工车间。

中国茶产业的未来，既要传承，又要创新，两者缺一不可。秉承"传承＋创新"的理念，雅茶集团在汲取传统制茶经验的基础上，强调科技导向，积极推进了雅茶加工生产线的全面升级，构建起了相对国内同行的全产业链生产优势，较之国际茶类大厂也不遑多让。

雅茶集团旗下共有两个现代化、标准化的专属茶厂——绿茶厂、藏茶厂，高效率生产流水线保证了产量、质量的双提升。这是一次由"制造"走向"智造"的过程，顺应了互联网与 AI 的科技趋势。

雅茶集团的藏茶厂占地 43 440 平方米，总建筑面积约 23 000 平方米，对标全国先进的现代化茶企，以科技创新和智能化生产制造为抓手，建成了一条清洁化、自动化、智能化生产线，可生产紧压茶、砖茶、小颗粒茶、散茶、袋泡茶等多种形态的藏茶。

雅茶集团藏茶厂流水线

2023 年 6 月，四川省农业农村厅党组成员、副厅长陈孟坤等人调研雅茶集团藏茶厂时，对雅茶集团统筹发展雅茶产业的思路给予了充分肯定，并用"思路清晰、站位高远"来形容。他希望雅茶集团继续以引领雅茶产业高质量发展为目标，深入贯彻习近平总书记关于"三茶"统筹发展的重要指示精神，优化茶产业规划布局，带领雅安众多茶企标准化生产，为实现雅茶复兴贡献力量。

四川省农业农村厅副厅长陈孟坤调研雅茶集团

陈孟坤说中了雅茶集团的使命。

"雅安为什么出现雅茶集团？就是要发挥国企的担当，这中间有非常大的民间需求，是产业经济发展的必然。"古劲说，雅安有许多唯一性，它处在与西藏相邻的过渡地带，又有老天眷顾的得天独厚的地理与气候条件，非常适宜高品质茶叶的生成。现在需要一个龙头企业来带领雅茶产业壮大品牌，走向全国乃至世界。"雅茶集团解决的是雅茶产业带头大哥的问题。"

雅茶集团的绿茶厂更能说明问题。绿茶厂厂房建筑面积为4263平方米，是雅茶集团高端绿茶、红茶、黄茶的主要生产基地，它整合了雅安的数十家茶企，利用资源优势，分类建立雅茶优质原料供应商库，健全原料供应标准，提升雅茶品质。

雅茶集团绿茶厂

绿茶厂的主要布局有茶叶初制车间、茶叶精制车间、茶叶初包装车间、仓储物流中心、检验室。该厂通过技术突破与设备升级，推动生产规模化、标准化、现代化，实现了年产蒙顶甘露 32 吨、蒙顶黄芽六吨、蒙顶石花六吨、蒙顶川红50 吨、蒙山毛峰 50 吨的升级跨越，点燃了雅茶产业现代化发展引擎。

"做标准、做品牌、做市场"，雅安原市委书记李酌要求雅茶集团在茶产业链后端发力，建立完备的质量管理体系，培育品牌，拓展市场，跑出高质量发展加速度。

雅茶集团背负着"一年一变化、三年见成效"的重任，已经开始引领雅茶产业加快转型升级，实现雅安从茶叶资源大市向茶产业强市跨越发展的新长征之路。

雅茶集团的梦想并不仅仅在茶产业。"做响雅茶品牌，振兴雅茶产业"，其最终目的是加快构建"以雅茶引领现代农业提质增效"的现代化农业产业体系，做深、做细、做实"三农"工作，全面推进乡村振兴。

给雅茶集团一个杠杆，就能把"全面推进乡村振兴"撬动起来。

国企的优势，在雅茶集团的准备阶段就展现得非常明显。按照雅安"全市一盘棋"的思路，雅茶集团整合了各县区在种植基地、生产加工、销售渠道各方面的优势，寻求合作，共谋发展。

经过半年左右的奋斗，雅茶集团的雏形已然建立。

2022 年 11 月 4 日，雅茶推介暨四川雅茶控股集团有限公司揭牌仪式，在成都天府国际会议中心隆重举行，面向全世界发声。

古劲以新身份——雅茶集团党委书记、董事长亮相。据新华社等媒体报道，他在揭幕式上表示，这是雅茶产业走出雅安、走向全国、走向世界的第一步，下一步还计划在多地设置雅茶专卖店，通过全国的布点和布局，最终把雅茶的品牌做响，让雅安的茶产业得到振兴，让雅安的茶农增收，让全国人民都能享受到"蒙山顶上茶"。

就在雅茶集团揭牌仪式的当月，2022 年 11 月，雅安绿茶制作技艺（蒙山茶传统制作技艺）与黑（藏）茶制作技艺（南路边茶制作技艺）一起，作为"中国传统制茶技艺及其相关习俗"的重要组成部分，被联合国教科文组织列入人类非物质文化遗产代表作名录。

古老的技艺，将开始在雅茶集团的磨砺下，发出熠熠的光辉。

第4节　濮存昕爱上蒙顶甘露

2023年3月26日，知名表演艺术家濮存昕来到雅安，在雅茶集团位于蒙顶山的核心茶园基地，腰挎茶篓体验了一次茶叶采摘和全手工制茶流程。

濮存昕在茶园采摘

如前文所述，早在2000多年前，西汉甘露年间（公元前53年），"植茶始祖"吴理真就在蒙顶山驯化了七株野生茶树，开启了全球有文字记载的人工种茶的历史先河。蒙顶山也因此成为公认的"世界茶文明发祥地、世界茶文化发源地、世界茶文化圣山"。

嗜茶的濮存昕是中国戏剧家协会主席、国家一级演员。他曾主演话剧《茶馆》，知道茶在中国历史与百姓日常生活中的分量。这一次，他循着雅安千年飘香的茶韵来到蒙顶山，终于遂了长期以来的一个心愿。

老戏骨变身茶农，腰挎茶篓，在雅茶集团的核心茶园基地，很快熟稔了采茶的技法。"茶农们很辛苦。"濮存昕笑着说，却并没有耽误将一枚枚蒙山茶的嫩芽尽收篓中。

濮存昕先后在雅茶集团凤鸣谷生态农业观光园、藏茶产业园及茶园基地、蒙顶山皇茶楼等地实地了解了雅茶集团的制作工艺、产品规模、发展历程，满足了内心对茶文化圣山和历代进贡的"蒙山顶上茶"的好奇心。

他将自己腰挎茶篓采茶的照片上传到了微博，并留下一段动情的文字：

"在大熊猫的家园雅安，品一杯雅茶的蒙顶甘露，感受 2000 多年的茶文化积淀。采茶只是第一步，从一片茶叶到一杯好茶，需要经过采摘、摊晾、杀青、揉捻、二炒、复揉、三炒、再揉、整形、提毫、烘干、包装等工序，（这样的茶叶）方能被冠以雅茶'蒙顶甘露'的名号。'蜀土茶称盛，蒙山味独珍；灵根托高顶，胜地发先春。'雅茶的友人们，我们下次再约。"

"蜀土茶称盛，蒙山味独珍；灵根托高顶，胜地发先春。"这首诗出自宋代文同的《谢人寄蒙顶新茶》。文同，字与可，号笑笑居士、笑笑先生，人称石室先生，是苏轼的表哥，北宋著名画家、诗人。他出生于 1018 年，卒于 1079 年，是宋仁宗皇祐元年进士。

这首诗的全文如下：

蜀土茶称盛，蒙山味独珍。

灵根托高顶，胜地发先春。

几树初惊暖，群篮竞摘新。

苍条寻暗粒，紫萼落轻鳞。

的砾香琼碎，髻鬟绿茧匀。

慢烘防炽炭，重碾敌轻尘。

无锡泉来蜀，乾崤盏自秦。

十分调雪粉，一啜咽云津。

沃睡迷无鬼，清吟健有神。

冰霜疑入骨，羽翼要腾身。

磊磊真贤宰，堂堂作主人。

玉川喉吻涩，莫惜寄来频。

如同诗文所言，文同收到朋友寄来的蒙顶新茶，高兴地赋诗表达谢意：四川的茶叶风行一时，而蒙山茶的口味最为珍贵，茶叶的灵根只有依托胜地，才能提前长出早春的茶芽。蒙山茶喝下去一口，就感觉身心清爽，整个身体像长了翅膀要腾空飞起一般。这种好茶还是要频繁地给我寄来啊。

隔着1000年的时光，濮存昕有着与文同同样的感受，被蒙顶甘露为代表的雅茶所深深打动，折服于那入口不散的回甘。真是"一啜咽云津"，"清吟健有神"，"冰霜疑入骨，羽翼要腾身"。

正因这份热爱，濮存昕成了雅茶集团的品牌代言人。

"感谢雅茶集团对我的信任，我将深入参与，推广雅茶、雅安和茶文化。今天一天的行程，让我对茶文化有了一个初步的印象。其实，茶和人生很像，一片片绿芽经过反复锤炼、磨炼，才能变成茶叶。"濮存昕说，此次蒙顶山之行让他受益匪浅，希望雅茶集团能够运用现代工艺制作出更高品质的茶叶，满足全国、全世界爱茶人的需要。而他本人也将和雅茶集团携手，作为雅茶集团的形象代言人，将雅茶品牌、雅茶文化传播出去，让更多人认识雅茶、了解雅茶、爱上雅茶。

在濮存昕登蒙顶山采茶的第二天，备受瞩目的第十九届蒙顶山茶文化旅游节开幕式在名山区吴理真广场举行。作为蒙顶山茶文化旅游节最重要的子活动，首届雅茶博览会正式拉开序幕。

濮存昕在开幕式上分享了他与雅茶的故事，称蒙顶山"是一方宝地"。

而第二十届中央候补委员、中国工程院院士刘仲华的话显然更具权威性，他说雅安是"世界茶人心目中的朝圣之地"。雅茶产业生态环境优越、独特，茶文化底蕴深厚，茶产业基础扎实，茶科技支撑有力，特别是近年来雅安市认真贯彻落实习近平总书记关于"三茶"统筹发展的重要指示精神，使得雅茶在推动文化赋魂、产业赋能、科技赋力，促进产业高质量发展方面已经走在了全国第一方阵，取得了显著的成绩。

中国工程院"茶院士"刘仲华

"随着蒙山茶品牌影响力进一步增强，雅茶产业也将迎来更美好的明天。"刘仲华的话不仅仅是表达期许，还带有某种预见性。

刘仲华是中国著名的"茶院士"，在此之前，他曾多次来到雅安，参加过雅安举办的茶事活动，也在川外多次推介过蒙顶甘露、雅安藏茶。作为雅茶集团的专家顾问，他将在规划雅茶产业发展，促进乡村振兴等方面献计献策，为擦亮蒙山茶、雅安藏茶的金字招牌，把雅茶打造成全国知名茶叶品牌贡献力量。

雅茶集团参加第十二届四川国际茶业博览会，四川省人大常委会副主任祝春秀、中国工程院院士刘仲华莅临雅茶展馆指导

　　雅安市副市长邓朝金在调研蒙顶山茶文化旅游节时指出，蒙顶山茶文化旅游节作为全国十大茶事活动之一，为雅茶产业的发展提供了平台，雅茶集团要充分利用好蒙顶山茶文化旅游节平台，认真办好首届雅茶博览会，以雅茶为媒串联各大活动版块，提高雅茶产业集中度，团结茶产业链上下游企业，引领、带动雅茶产业转型升级。

雅安市副市长邓朝金调研蒙顶山茶文化旅游节

第5节 大国崛起，时代脉动

蒙顶山茶文化旅游节始自 2004 年，迄今已经举办了 19 届。

"当时第八届国际茶文化研讨会也选择在雅安召开，这一会一节对雅茶的发展产生了深远的影响。雅茶开始走出雅安，走出四川，到陕西祭祀轩辕黄帝，到山东祭祀孔子，一路搞活动，自此香飘万里，重享国际盛名。"四川省茶叶行业协会副会长、雅安市农业农村局四级调研员陈开义说。

第八届国际茶文化研讨会暨首届蒙顶山茶文化旅游节可资记录的亮点甚多。蒙顶山被公认为世界茶文化圣山，28 个国家的 2800 名嘉宾齐聚于此，向手植世界上第一株茶树的茶祖焚香膜拜，共同发表了《世界茶文化蒙顶山宣言》。宣言这样说："发源于蒙顶山的茶文化深刻影响了全世界，本届茶文化盛会的'寻根之旅'必将成为下一个'轮回'的开端。蒙顶山是世界茶文化发源地，也是世界茶人'寻根'和'朝圣'的神往地。蒙顶山是世界茶文化圣山，蒙顶山茶文化是人类共有的灿烂文明。蒙顶山茶文化是中国的，也是世界的、全人类的。"

在 2004 年那次"茶产业界的奥林匹克盛会"上，《世界茶文化蒙顶山宣言》的正式提出，意味着雅茶正从千年的历史深处走出，恢复其至高无上的历史地位，重现"应是人间第一茶"的辉煌。

《世界茶文化蒙顶山宣言》在雅安隆重发表时，古劲也感受到了激励。自

2002 年起，他开始在雅安地方乡镇任党委书记，他很重视茶叶的生产、加工与销售，毕竟这是农民增收的重要渠道。

"传统粮食种植的收入比较低，茶叶代表一种突围的希望，潜力巨大。"他说。

在乡镇任党委书记期间，古劲看到苦丁茶的商机，鼓励当地百姓大胆引进。农民们为此建设了 0.67 平方千米的苦丁茶茶园，获得了丰厚的利润。

2016 年，他出任雅安市芦山县委副书记，任期内他推动政策制定，为促进当地茶产业发展作出了贡献。雅安国家农业科技园区管理委员会党组书记、管委会主任的职位，让他对农业科技有了更切身的认识。长期的基层执政经历，让他对茶叶全产业链有了完备的理解。

作为全球植茶发源地，雅安市目前每年的茶叶产量为 11.48 万吨，综合产值超过 220 亿元，茶园面积、产量、产值均居四川省前列，良种化率、标准化率、园区化率等指标均名列全国前列。

但如果从品牌化的角度去考察，雅茶产业则呈现出明显的不足。

"雅茶产业发展这么多年，有成规模的原料与生产基地，但农民辛苦种茶却卖不出好价钱，付出与收益不成比例。原因何在？"古劲一直在思索这个问题。他现在有了答案：问题的症结在于，雅安有产业无品牌，无龙头企业！

古劲说，雅安作为全球植茶发源地、全国第一大干茶叶批发市场，在标准制定、品牌建设和市场营销上，却乏善可陈，更多靠代加工维持，这种状况必须改变。

雅茶集团成立后，古劲感受到肩上沉甸甸的责任。这意味着，统筹整合雅安市茶产业资源，从此就是他责无旁贷的使命。下一步，雅茶集团将按照"政府主导，企业主体，市场运作"的原则，扬优势、补短板，围绕"稳茶源、提质量、创品牌、活营销、聚合力"开展工作。通过"做标准、做品牌、做市场",将雅茶集团培育成引领川茶、雅茶产业高质量发展的国有龙头企业,全面提升雅茶市场占有率、品牌影响力和综合发展实力,真正推进雅茶产业成为富民兴市的支柱产业。

"雅安在历史上对茶产业虽然一直很重视,但没能形成品牌化的规模产业。虽然茶园从几平方千米发展到了几百平方千米,但附加值太低。所以雅安市委、市政府下了更大的决心,一系列组合拳打下来,已经有了初步的成效,雅茶的未来可期。"古劲说。

雅茶集团成立后要积极推进种植基地建设,加快示范生产线建设,打造"雅茶"品牌,并进行多渠道宣传推广。

雅茶集团是在认真做品牌,其先后对接 10 余家国内一流策划单位,对雅茶品牌进行全案策划后,确定新 Logo 为:大国之饮,大雅之茶。

"大国之饮,大雅之茶" Logo

没有什么比这八个字,更能表现从"非遗殿堂"走来的雅茶的气质与神韵。它呼应了大国崛起的时代脉动,又根植于蒙顶山茶产业穿越千年的大雅传统。

传统上,雅安的"三雅"是:"雅雨""雅鱼""雅女"。而今天,公认的雅安"新三雅"是"雅茶""雅宝(大熊猫)""雅石"。

历史翻开了新的一页。

第6节 全球化时代的中国茶文化输出

当然雅茶的雄心并不只限于国内。古劲会提起鉴真,他时常想起这个唐朝的和尚,将中国的茶叶、茶文化带入了日本。而现在,日本的"茶道"反而超越了中国。是时候让中国茶叶再次焕发光辉了。

在日本的历史上,鉴真曾被视为医药始祖——这更多是因为茶叶在传入日本期间是作为药物被使用的。日本《茶史漫话》引言称:"作为文化之一的饮茶风尚,由鉴真和尚和传教大师带到了日本。"

盛唐气象的体现之一,就包括商业与文化的对外输出,而茶叶很大程度上承载了这一使命。而当下中国,不也正面临类似的机遇吗?茶产业在新时代的复兴,让很多中国茶人看到了中国茶再次走向并征服世界的契机。雅茶集团念兹在兹的,也正是如何结合传统与现代、文化与商业、国内与全球,让雅茶和它所代表的中国茶品质、茶文化,能在全球赢得一个未来。

有一种说法,中国茶产业共经历三次复兴。第一次在宋朝,宋朝之前,茶叶一般在研磨后通过煎、煮的方式饮用,而宋朝发展出精致的团茶,并在庙堂与民间兴起斗茶的风气。第二次在明朝,在明太祖朱元璋"废团改散"之后,针对散茶的炒青、烘青、闷黄、做青、揉捻等工艺突飞猛进,茶制作迎来全盛时代,迄今已延续数百年的原叶茶饮用偏好,就是在明朝奠定的基础。第三次就是进入21世纪的当下。近20年来,中国茶在种植方法、制作工艺、茶具审美等诸多方面,都进行了革新。传统不能丢，新的东西更应为我所用。这是雅茶的方法论，没有什么比茶道更兼容并蓄，更适合在继承的基础上开发新枝了。不能浪费这茶产业的第三次复兴。

早在100余年前，日本知名美术家冈仓天心就说过：

"不可思议的是，如此迥异的东西方人性，如今却在小小的茶杯中相遇了。茶道是被全世界普遍重视的唯一的亚洲仪式。白人曾经嘲笑我们的宗教和道德，但他们却毫不犹豫地接受了这种褐色的饮料。如今，下午茶已经成为西方社会生活中的一项重要内容。从杯盘盖碟相互碰撞而发出的微妙的叮当声里，从热情待客的女性衣裙互相摩擦而发出的柔和的沙沙声里，从是否需要奶油和砂糖的司空见惯的日常问答里，我们可以知道，'对茶的崇拜'已经毫无疑问地在西方确立了。无论茶的味道是好是坏，客人都会以一种达观的态度从容对待。这清楚地表明，在这个单一的例子中，东方的精神已经处于绝对的支配地位。

茶对于我们来说，已经超越了饮茶形式上的理想化，变成了探索生之艺术的宗教。这种饮料成为崇拜纯粹和优雅的借口，有着成就主客尽欢、营造出尘世中的至上幸福的神圣功能。茶室是生存荒漠中的绿洲。旅途劳顿的人们在这里相逢，共饮艺术的甘泉。茶道是以佳茗、花卉和绘画等组成的即兴戏剧。没有一点颜色破坏茶室的色调，没有一丝声音扰乱事物的节奏，没有一个动作中断全体的和谐，也没有一句话打破四周的统一。所有动作，都是简单而自然地完成的，这就是茶道的目的。并且，非常不可思议的是，这往往都是成功的。在这一切的背后，蕴藏着深奥的哲理。茶道，其实是道家思想的化身。"

茶是地道的国粹，单从语音上，我们就能直观感受到这一点。世界各国对茶的发音，基本上都是在中国话的基础上演化而来的：要么是普通话的发音 chá，要么是闽南方言与广东方言。现如今，亚欧美诸国已将茶当成最寻常不过的日常饮品，超越咖啡与可可，成为三大无酒精饮料之首。一个数据是，全球有130多个国家和地区饮茶，世界总人口中有一半以上平均每天至少喝掉一杯茶，这是中国作为茶叶源头对世界的贡献，也意味着如果奋起，中国茶叶还将有更广阔的全球市场空间。

雅茶有着独特的优势，自汉代吴理真以降，随着1000余年来儒释道名士的介入，在蒙顶山形成浓厚的"禅茶文化"。茶禅一味，并非口头说说，它就凝结在茶——这片神奇的树叶上，经过时间的淬炼，成为我们生活中的日用智慧。如《茶之书》所言："茶道的全部理想，来自这样一个禅的观念，即在人生琐事中发现伟大。道家为审美理想打下基础，禅宗把这个理想付诸实践。"

禅茶文化，与茶祖文化、贡茶文化、茶马文化和茶技茶艺共同组成蒙顶山茶文化的五大核心元素。没有其他区域的茶叶比雅茶更能代表源头上的中国茶文化，雅茶集团特别看重这些文化层面的价值，企业有一种文化使命感：不仅仅是在商业上要成功，还要向全球输送以"茶"为代表的中国文化。

第 3 章

蒙顶甘露，传统贡茶续写新传奇

第 1 节　来自大运会的感谢信

2023 年 9 月，雅茶集团收到一封特别的感谢信，它来自成都大运会执委会宣传部。

信中写道："四川雅茶集团茶业有限公司作为大运会特许经营授权企业，在四年的筹办和举办过程中，给予了赛事持续不断的鼎力支持和紧密配合，为大运会的成功举办作出了重要贡献。每位参与的同志无私奉献、全力付出，为成都大运会的成功举办发挥了关键作用。"

雅茶走进大运会，这是 2023 年值得记录的一个小确幸。雅茶，作为中国最具代表性的贡茶文化承载者，借由大运会将这种独属于中国的茶文化弘扬到了国际间，这是雅茶集团发展史上的里程碑事件。雅茶集团绿茶厂在茶叶生产线正式投产的第一年，就成为大运会特许经营授权合作商，这是实力与品质的体现，也是雅茶集团自上而下集体努力的结果。

雅茶 成都大运会
|定制茶|
售价**68**元

雅茶成都大运会定制产品图

"雅茶·大运梦圆茶礼"是雅茶集团以大运会为契机自主研发的产品，其以雅安的茶叶和熊猫特色文化为基础，融合了大运精神。产品一经推出，就受到了社会各界人士的好评，同时向世界多方位展示了雅安独特的城市魅力。这是雅安名片的一次绚丽登台。

雅茶·大运梦圆茶礼

雅茶集团的专业水准一直备受肯定，而此次来自大运会执委会的认可格外具有激励性，既为雅茶产业的发展注入了新活力，也鼓舞了集团领导层打开新的格局。

在雅茶集团成立之初，就确定将以蒙顶甘露、蒙顶石花等绿茶及雅安藏茶为主要产品，聚焦"一绿一黑"，实施单品突破，持续擦亮雅茶金字招牌。从集团成立以来的市场表现看，这种产品定位无疑是准确的。

美国营销战略家艾·里斯、杰克·特劳特的"定位"观念，在2001年被美国营销学会评选为"有史以来对美国营销影响最大的观念"。在《定位》一书中，艾·里斯与杰克·特劳特给"定位"所下的定义是"如何让你在潜在客户的心智中与众不同"。

"定位的基本方法，不是去创造某种新的、不同的事物，而是去操控心智中已经存在的认知，去重组已存在的关联认知。"艾·里斯与杰克·特劳特说，"在传播过度的社会中，获得成功的唯一希望，是有选择性，集中火力于狭窄的目标，细分市场。一言以蔽之，就是'定位'。"

古劲虽然不是营销专业出身，但他具有敏锐的市场直觉。长期的政务管理与国企经营实践，给了他不断寻求新知识的自觉，又让他在接手雅茶集团之初就有了攸关茶产业定位的新思维。

与那些在市面上早已风生水起的茶类相比，雅茶在潜在客户的心智中最与众不同的特点是什么？这个问题的答案关乎雅茶集团的公司定位、品牌策略、产品形象与市场目标。雅茶与其他地域茶叶最大的不同，在于它的历史，而与历史盛名相联系的则是品质。是雅茶的品质成就了其历史上卓尔不群的地位，而历史上独一无二的地位又赋予了雅茶品质可被吟咏的光环。

而在围绕蒙顶山的诸多茶类中，最突出的无疑就是以蒙顶甘露、蒙顶石花为代表的绿茶，和以雅安藏茶为代表的黑茶。这一绿一黑，均是祖师爷级别。在蒙顶甘露面前，西湖龙井等后起绿茶都是小字辈；而近年快速崛起的普洱茶，剔除营销因素，与作为黑茶鼻祖的雅安藏茶相比，其实仍少了独特性与辨识度。

雅茶的独特之处，不仅在于传统，更在于它与现代的融合。雅茶集团成立的初心就是，在传承与创新之间，找到一个平衡点，使雅茶绝美的历史在当下勃发新的生机，让蒙顶山茶脉传续，谱写新时代的传奇。

初心如磐，奋楫笃行。雅茶集团正力争上游。

第 2 节 明前老川茶，单芽贵如金

茶是国之大雅。

我国有四大茶区：江南茶区、江北茶区、西南茶区和华南茶区。其中西南茶区包括四川、云南、贵州三省及西藏自治区东南部，是我国最古老的产茶区。作为中国最早植茶圣地的蒙顶山，即位于西南茶区的核心地带，其悠久的植茶传统和制茶工艺在国际上名闻遐迩。

雅茶集团推出的茶叶，每一叶均来自蒙顶山，每一叶均是清明前手工鲜采所得。这些优质好茶，延续了蒙山茶非遗传统制作，采用"三炒三揉、做形提毫、烘炒结合"工艺，汤色青翠，香韵动荡，品茗者真的是有福了。

雅茶集团主推的是国雅系列与大雅系列，这两个系列均甄选自老川茶群体树种，头采单芽，原料珍稀，最接近千年正贡。国雅系列更是由非遗大师亲自采制。

老川茶树，指的是自古生长在巴蜀地区，经过漫长自然演化后遗留的中小叶种灌木型茶树，树龄均在百年以上。作为土生土长的原生品种，它们继承和保留了众多古茶树基因，产量极少，但品种多样。老川茶树多生长在海拔高、气温低的高山林间，茶树休眠期长。高海拔地区阳光充足，昼夜温差大，有利于茶树进行光合作用。良好的环境与自身品种优势相结合，造就了高山老川茶内含物质丰富、茶氨酸含量高的鲜明特色，更加耐泡，且茶质厚、味道醇、韵氛足、回甘好。老川茶因茶种稀缺，因此价格相对昂贵。近年来，国内掀起一股"老川茶"热潮，甚至有不少慕名前来蒙顶山的寻购者。雅茶集团的国雅系列与大雅系列，将满足老川茶爱好者的这份需求。

在蒙顶山绿茶之中，中国十大名茶之一蒙顶甘露中的精品即列入国雅系列。蒙顶甘露是世界上最早的卷曲（揉捻）形名优绿茶，有"人间甘露"之誉，它采自"蒙顶山茶原真性保护核心区"清明前的单芽，并以此为原料，按照蒙山茶传统制作技艺精制而成，其成品外形紧卷多毫，其色泽浅绿油润，其香氛嫩馨馥郁，其味道醇美甘鲜。茶汤真的具足"鲜、醇、甘、爽"，宛似"甘露"。一口喝下肚，保证齿颊留香，韵足味长。

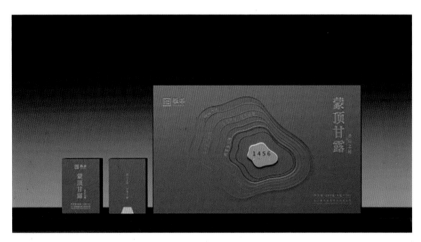

国雅系列——"圣山之秘"蒙顶甘露礼盒

茶叶采摘有季节上的不同，就绿茶而言，业内公认春茶最佳，远胜夏茶和秋茶。通常而言，3～4月采制的茶叶被称为春茶，5～7月采制的为夏茶，而8～10月采制的则为秋茶。夏季气温高，会加速芽叶生长，导致茶叶内部的香气低，茶多酚含量高，从而形成苦涩的滋味。夏茶与秋茶的叶质均粗硬，春茶的优点在于叶绿且肥软，味道更醇厚，香气也更高。注重味道的茶友更应选择春茶。

国雅系列的蒙顶甘露，均采摘于清明之前，这在业内被称作"明前茶"，清明前采摘的茶芽是最嫩的，色翠香幽，味醇形美，也没有病虫的侵害，品质堪称最佳。就明前茶的成分而言，茶芽内的氨基酸的含量更高而具有苦涩味的茶多酚含量较低，不仅口感无与伦比，营养上也为看重保健作用的茶友所青睐。

因清明前温度尚低，所以茶芽生发的数量有限，能达到采摘标准的茶芽非常稀少，故有"明前茶，贵如金"的民谚。茶叶市场通常按"一芽几叶"来区分品质，其规格有单芽、一芽一叶、一芽两叶、一芽三叶、一芽四叶……单芽无疑是最好的，只选茶芽，没有茶叶。雅茶的国雅系列，即是贵如金的明前单芽。

大雅系列则除蒙顶甘露外，还有蒙顶石花、蒙顶飘雪等。在国雅系列与大雅系列之下，还有臻雅系列与尚雅系列，它们采自蒙顶山海拔 1000 多米处，同样是明前鲜采，以一芽一叶为料，由非遗大师团队监制。

大雅系列——蒙顶甘露提盒

雅茶品名繁多，据中国国际茶文化研究会常务理事陈书谦考证，在西汉末年至晋朝期间，茶叶更多只是简单加工成粗制的饼茶，而后入供地方官府，或在市场上销售。到了唐宋时期，茶叶开始精制化，并以饼茶为主，雅茶开始成为贡茶，供皇帝祭祀、赏赐和寺庙祭祀用，也有部分流入市场销售。这期间的雅茶品种，包括石花、小方、散芽、紫笋、雷鸣、圣扬花与吉祥蕊等。明清时，饼茶开始向散茶转变，石花、万春银叶、玉叶长春、甘露、黄芽等开始名噪一时，同样满足皇室与民间的市场需求。

回望雅茶成为贡茶的唐朝，在那个气象万千的盛世，蒙山仙茶被装入银瓶，密闭于黄布包裹的木箱，再封上丹印，一路解送到长安。没有人知道，皇帝西向顾盼，是为了雅茶的芬芳。也正是在那个年代，茶被陆羽撰写成经。

此后无数年间，一代又一代的茶人被《茶经》所感动。中国台湾作家简媜写道："我翻阅《茶经》，想象陆羽的面貌，到底什么样的感动让他写下中国第一本系统介绍茶艺的书？因为喜欢喝茶？还是在品茗之中体会茶汁缓缓沿喉而下，与血肉之躯融合之后的那股甘醇？饮茶需要布局，但饮后的回甘，却又破格，多么像人生。同一个杯、同一种茶、同一式泡法，饮在不同的喉里，冷暖浓淡自知，完全是心证功夫。有人喝茶是在喝一套精致而考究的手艺；有人握杯闻香，交递清浊之气；有人见杯即干，不事进德修业专爱消化排泄；有人随兴，水是好水、壶是好壶、茶是好茶。大化浪浪，半睡半醒，茶之一字，诸子百家都可以注解。""通常一杯从早到晚只添水不换茶叶，所以浓洌（烈）是早晨，清香已到了中午，淡如白水合该熄灯就寝。喝茶顺道看杯中茶，蜷缩是婴儿，收放自如到了豆蔻年华，肥硕即是阳寿将尽。一撮叶，每天看到一生。看久了，说心花怒放也可以，说不动声色亦可。"

简媜在《下午茶》里写及她的茶友，又有这样的描述："每个月总有一回，我前往那布置典雅的客厅看她以繁复的手法为我泡茶，通常只有我们两人。她习惯翘起小指拎着壶耳，一手托住壶嘴儿斟七分满，她说另外三分切记留白，让茶烟蹓跶着香。她专注地看我端杯，闻香，嗯，啜，含，润喉，咽，长长地'啊'——她便掩口轻轻地笑了。她说品茶是一门修身哲学，顺着汁液把五内浊气以一种优雅的唇形吐出，'啊'——她说灌白开水的男人真像一头充分暴露欲望的兽呢！"

所以千万不要做一个"只灌白开水的男人"。既有好茶蒙顶甘露，只需拿来畅饮。

诗僧皎然有云："一饮涤昏寐"，"再饮清我神"。

第 3 节　有故事的瑞草魁

唐代杜牧在《题茶山》中有云："茶称瑞草魁。"茶不仅是祥瑞之草，且是瑞草中的魁首。

伴随西汉吴理真而出现的中国最早绿茶——以蒙顶甘露为代表的雅茶，可以说是瑞草魁中有着最古老故事的茶茗。陆羽写《茶经》时亦曾说，历代饮茶之家，"汉有扬雄、司马相如"。而扬雄和司马相如皆为四川人，可以说蜀地引领了中国茶风。

杜牧在诗歌中吟咏茶是瑞草中的魁首时，雅茶早已作为贡茶成为盛唐皇室的日用茗饮。研究中国茶史的学者都承认"茶盛于唐"，所谓"茶道大行，王公朝士无不饮者"。可想而知，各个产茶区争奇斗艳，雅茶能在那个时候成为贡茶，自有其独到之处。

在雅茶成为贡茶的唐朝，在杨晔记载宫廷膳食的书籍《膳夫经手录》中，曾这样记录雅茶"一斤难求"的盛况："蜀茶得名蒙顶，元和以前，束帛不能易一斤先春蒙茶。"从杨晔的描述看，蒙顶山的雅茶，在唐朝就已经是蜀茶的代名词。茶人在那个时候，就开始在春前采摘茶叶，而其在市场上受追捧的程度，从一束帛尚不能交易一斤蒙山茶就可见一斑。

春茶品质最佳，这种观念一直延续至今，如果追本溯源，还要感谢雅安茶人的洞见。清代学者顾炎武在《日知录》中说："自秦人取蜀而后，始有茗饮之事。"到了茶叶风行一时的唐朝，在进献贡茶之初，雅安茶人都是选取立春前的新茶以古法为之。《旧唐书》对此的记录是："吴蜀贡新茶，皆于冬中作法为之。"这种采春前茶的做法，经茶圣陆羽在《茶经》中传播开来，开始被其他地区效仿。所以梅尧臣的《次韵和永叔尝新茶杂言》中有"自从陆羽生人间，人间相学事春茶"的说法。

唐代贡茶分别来自17个郡，有40余个名目，其中蒙山茶排名第一。按照《新唐书·地理志》的记载，进献贡茶的17个郡中，包括寿州寿春郡（今安徽省寿县）、庐州庐江郡（今安徽省合肥市）、申州义阳郡（今河南省信阳市）、湖州吴兴郡（今浙江省湖州市）等地。如今，六安瓜片、信阳毛尖和吴兴紫笋这些茶叶仍属名茶，但在唐朝最权威的评价中，它们均无法与雅安蒙山茶相比。

所以我们翻阅唐诗，在数不胜数的茶诗中，只要提及茶的名字，大半即是蒙山茶。举以下三首诗为例。

琴茶

唐 / 白居易

兀兀寄形群动内，陶陶任性一生间。

自抛官后春多醉，不读书来老更闲。

琴里知闻唯渌水，茶中故旧是蒙山。

穷通行止长相伴，谁道吾今无往还。

白居易大家都熟知，唐朝"诗魔"，字乐天，山西太原人，贞元进士，官至刑部尚书，晚年纵情琴酒。这首诗的大意是：我寄居于众生之间，勤勉而又任性了一生，自从老来辞官之后，不甚读书而多醉酒。琴声中最爱渌水之曲，而那么多的茶叶只有蒙山茶是我的故旧。无论贫穷还是通达，不管行走还是经停，琴茶都与我相伴，你们不要再说我没有社交啦。

雅安的蒙山茶的"茶中故旧"之称，就是来自白居易。

凭周况先辈于朝贤乞茶

唐 / 孟郊

道意勿乏味，心绪病无悰。

蒙茗玉花尽，越瓯荷叶空。

锦水有鲜色，蜀山饶芳丛。

云根才翦绿，印缝已霏红。

曾向贵人得，最将诗叟同。

幸为乞寄来，救此病劣躬。

孟郊亦是唐朝著名诗人，有"诗囚"之誉，传唱最远的诗歌当属《游子吟》。他仕途颇不顺利，46 岁才进士中第，只在江苏溧阳做了个县尉的小官，晚年穷困潦倒。这一首《凭周况先辈于朝贤乞茶》说的是他向朝廷中的贤者乞茶的故事。其中"蒙茗玉花"中的"蒙茗"指的就是蒙山茶，"玉花"是冲茶后产生的如玉茶汤；与之相对的"越瓯荷叶"也是代指蒙山茶。下句的"锦水""蜀山"，都是四川代称，所谓的"有鲜色"与"饶芳丛"仍是形容蒙山茶。"云根才翦绿，印缝已霏红"指的是蒙山茶刚刚采摘下绿芽，就被作为贡茶泥封后加盖了红印。孟郊感谢朝中贤友寄来蒙山茶，让他的病躯为之一振。

作为贡茶的蒙山茶，主要供皇室祭祀及饮用，也会与近臣分享。身为江苏溧阳县尉的孟郊，自是很难喝到蒙山贡茶，朝廷中有朋友真是极好的事情。我们从这首诗中，也能感受到孟郊喝到蒙山茶后内心的小小激动。

我们再来看下一首。

西山兰若试茶歌

唐 / 刘禹锡

山僧后檐茶数丛，春来映竹抽新茸。

宛然为客振衣起，自傍芳丛摘鹰觜。

斯须炒成满室香，便酌砌下金沙水。

骤雨松声入鼎来，白云满碗花徘徊。

悠扬喷鼻宿醒散，清峭彻骨烦襟开。

阳崖阴岭各殊气，未若竹下莓苔地。

炎帝虽尝未解煎，桐君有箓那知味。

新芽连拳半未舒，自摘至煎俄顷馀。

木兰沾露香微似，瑶草临波色不如。

僧言灵味宜幽寂，采采翘英为嘉客。

不辞缄封寄郡斋，砖井铜炉损标格。

何况蒙山顾渚春，白泥赤印走风尘。

欲知花乳清泠味，须是眠云跂石人。

刘禹锡也是进士出身，因博学鸿词，做过太子宾客，官至集贤殿学士、苏州刺史等。他这首描述在西山寺院里喝茶的诗，可以说非常写实了：

几丛茶树长在山僧寺舍的后檐下，春天抽出新芽，与竹子相映成趣。茶芽看上去就像鹰嘴，采摘后在鼎内炒起，满室飘香，热水煮沸的声响如同骤雨松风，茶汤上的饽沫如云又如花，来回浮动。喝茶不仅解酒，亦可祛除烦恼。这种煮茶的方法，就是尝遍百草的炎帝神农和黄帝时期采药求道的桐君都未掌握。这新鲜的茶芽半卷半舒，从采摘到煎煮只花了很短时间，沾露的木兰花香勉强可比拟茶香，茶色又远超仙境中生长瑶草的水波。僧人说，味道这么好的茶叶，只长在幽寂处，因为你们是贵宾我才贡献出来，这最珍贵的蒙山雅茶、顾渚春茶，被封印寄给郡守。要知道，懂得品味这极品好茶的花乳清泠的味道的，都是在峻石上与云同眠的仙人。

这首诗中，"何况蒙山顾渚春，白泥赤印走风尘"说的就是盛唐最著名的两款贡茶：蒙山雅茶与顾渚春茶。而如果一定要在这两款茶中进行比较，则蒙山雅茶无疑"号为第一"。

无须再做更多举例，我们可以推知，在唐人提及茶茗的诗歌之中，即便没有指明茶叶品类，亦多以蒙山茶为内心典范。在小杯喝酒、大碗饮茶的唐朝，茶比酒更能寄托文人的才思。

唐代诗人卢仝作有《走笔谢孟谏议寄新茶》诗，读来酣畅淋漓，其中提到喝茶连喝七碗的趣味：

"一碗喉吻润，两碗破孤闷。

三碗搜枯肠，唯有文字五千卷。

四碗发轻汗，平生不平事，尽向毛孔散。

五碗肌肤清，六碗通仙灵。

七碗吃不得也，唯觉两腋习习清风生。"

作为茶中上品的雅茶，在贡茶之外，尚有少许可在市场中买到，但只要卢仝肯提前用超过一束帛的价格预购，他就可以享受到"肌肤清""通仙灵""唯觉两腋习习清风生"的茶趣。

原中国佛教协会会长赵朴初先生 1989 年为"茶与中国文化展示周"的题诗，与卢仝的"七碗茶"遥相呼应："七碗爱至味，一壶得真趣。空持百千偈，不如吃茶去。"

在关于唐朝茶叶的所有故事中，几乎没有其他任何茶类可以与蒙山茶相提并论。文人的家中可以没有茶园，但内心的野马总奔赴蒙山之巅，毕竟那里"锦水有鲜色，蜀山饶芳丛"，这"茶中故旧"不独属于白居易，亦是整个皇室的依托。

第 4 节　"此甘露也，何言茶茗"

唐朝卢仝关于"七碗茶"的诗句，也出现在 2023 年秋天北京故宫博物院的"茶·世界——茶文化特展"中。

"茶·世界——茶文化特展"由北京故宫博物院主办，汇集国内外 30 家考古文博机构的 555 件（组）代表性藏品，在北京故宫博物院午门及东西雁翅楼展厅展出。展览分为"茶出中国""茶道尚和""茶路万里""茶韵绵长"四个单元，以中国茶文化为切入点，立体展现中华文明以茶为媒、交融互鉴的发展历程。2023 年 9 月 1 日，特展拉开帷幕。

茶·世界——茶文化特展

除了上文提到的卢仝《走笔谢孟谏议寄新茶》，白居易的《谢李六郎中寄新蜀茶》也被单独裱框，挂于展厅的赭色墙壁上。

这真是一首好诗："故情周匝向交亲，新茗分张及病身。红纸一封书后信，绿芽十片火前春。汤添勺水煎鱼眼，末下刀圭搅麹尘。不寄他人先寄我，应缘我是别茶人。"无须怀疑，这里的新蜀茶即是雅安蒙顶明前茶。

与白居易的《谢李六郎中寄新蜀茶》并列悬挂的还有唐朝诗人元稹的《茶》，这是一首宝塔诗，从一字到七字，层层叠嶂，展现了形式上的巧思：

茶。

香叶，嫩芽。

慕诗客，爱僧家。

碾雕白玉，罗织红纱。

铫煎黄蕊色，碗转曲尘花。

夜后邀陪明月，晨前独对朝霞。

洗尽古今人不倦，将知醉后岂堪夸。

在特展第一部分"茶出中国"中，有一个展台，展示了七款清朝贡茶。其中"春茗茶""陪茶""观音茶"三种均为雅茶，亦可见雅茶在清廷的影响力。三种茶叶后面的注释分别为："春茗茶产自四川省蒙顶山。档案记载，乾隆时期只有五种贡茶的包装为银质，分别是仙茶、陪茶、菱角湾茶、观音茶和春茗茶。因此这几种茶的包装风格也相似。""陪茶产于四川省蒙顶山上清峰。关于陪茶的包装，《蒙顶茶说》中记载：陪茶两银瓶……瓶制圆，如花瓶式……。皆盛以木箱，黄缣、丹印封之。""观音茶产自今四川蒙顶山。根据文献记载，观音茶具体产地应为今四川省雅安市荥经县，此地产茶历史悠久，尤以观音寺所产观音茶最佳。"

观音茶

北京故宫博物院展出了这些贡茶的包装实物，其中装有春茗茶的罐子上宽下窄，上有明黄色封签，封签上有"春茗茶"三字。每个封印的箱子里，只能安放两罐春茗茶，凸显其尊贵。

不远处另有一张清代贡茶地点表，上面显示："雅安为中心的蒙山山系（现代区划为四川省雅安市）主要贡茶种类：仙茶、陪茶、菱角湾茶、名山茶、春茗茶、观音茶。"其实不止这六种，雅安共有八种蒙山茶被列为贡茶。这是一个了不起的成就。

在"茶出中国"展厅的尽头，专门设计了一个"茶库"，里面摆有九宫格名茶，囊括了清代最好的贡茶共 18 种，其中雅茶三种，占据了 1/6。雅茶真的很强大。

茶库

　　"'茶之为饮，发乎神农氏。'伴随着农业技术的发展，茶树从野生发展为人工种植，制茶方法不断改进，茶叶生产流程也逐渐完备。文献的记述、图画的描绘、器物的装饰，真实再现了茶叶由种植、制作到运输、销售的过程，成为解读古代茶叶生产的珍贵'纪录片'。"北京故宫博物院对出自中国的这片神奇树叶的历史作出上述评介。

　　而自神农氏以降，以蒙顶甘露为代表的雅茶的"纪录片"又是如何演进的呢？

　　陈书谦认为，蒙顶甘露的名称来历，一是纪念蒙顶山植茶祖师吴理真，"甘露"梵语的意思是"念祖"，即怀念祖师；二是因该茶汤味鲜爽，如同甘露。

　　在蒙顶甘露之前，蒙山茶的工艺以石花、黄芽等为主。《唐·本草》《食货典》第二百九十一卷均有唐朝雅安的蒙顶石花等"号为第一"的说法。蒙顶石花的采摘时间在春分与清明之间，亦为明前茶，每3.5万个左右鲜芽会加工成0.5千克干茶。石花的外形扁直齐整，银毫披露，锋苗挺锐，看上去就像峻峰奇石上的石花。石花的茶汤清澈碧亮，味甘鲜嫩，香醇持久。古诗中所谓"色淡香长品自仙，露芽新掇手亲煎，一瓯沁入诗脾后，梦醒甘回两颊涎"，指的就是蒙顶石花。

蒙顶石花的工艺非常古老，采用一炒、一整形、一烘的制作方法。

蒙顶黄芽的工艺出现得更晚一些，它以单芽为原料，明前采摘，色黄绿，芽肥，成茶芽条壮硕，芽尖毕露，色泽黄亮、油润有毫。开汤后淡黄明亮、叶底嫩黄，滋味醇浓、甘爽嫩香，余味萦绕口腔。蒙顶黄芽可多次冲泡，是黄茶类名茶珍品。其工艺为：一杀青，两包黄，一摊放，四复炒，一烘干。

关于蒙顶甘露的资料，集中出现在明朝。如明代嘉靖二十年（1541年），《四川总志》《雅安府志》上就分别记有"上清峰产甘露"。上清峰是蒙顶山的主峰，那里产的甘露即是蒙顶甘露。

明朝的闻龙撰写《茶笺》时，炒青绿茶制作工艺已基本成熟完善。《茶笺》中这样记录蒙顶甘露的炒青工序："炒时须一人从傍扇之，以祛热气，否则黄色，香味俱减，予所亲试。扇者色翠，不扇色黄。炒起出铛（一种平底浅锅）时，置大瓷盘中，仍须急扇，令热气稍退，以手重揉之；再散入铛，文火炒干，入焙。"

明朝的黄龙德在《茶说》中还说："先将釜烧热，每芽四两作一次下釜，炒去草气，以手急拨不停。睹其将熟，就釜内轻手揉卷，取起铺于箕上，用扇扇冷。俟炒至十余釜，总覆炒之。旋炒旋冷，如此五次。其茶碧绿，形如蚕钩，斯成佳品。"这种制茶工艺属炒青之精细过程，即现代所称的"半烘炒"，和蒙顶甘露的传统工艺很相近了。

陈书谦说，蒙顶甘露为炒青卷曲型名绿茶，采摘细嫩原料，制工精湛，外形美观，内质优异。每逢春分时节，当茶园内有5%左右的芽头一芽初叶时，即可开园采摘。茶鲜叶由20%～30%的单芽和70%～80%的一芽初叶组成，鲜叶细嫩，内含物质丰富，经"三炒三揉"精细烘焙制作而成，被众多茶人视为名茶之珍品。茶人常于正月间气候回暖时，翘首以盼，期待早日尝鲜。蒙顶甘露外形紧卷披毫，形似碧螺春，二者不相伯仲；嫩绿显翠，油润；冲泡之后，汤色碧绿带黄，香气鲜嫩馥郁芬芳，毫香显露，滋味高鲜，浓醇回甜；茶芽叶缓缓舒展，叶态似花儿，嫩匀成朵，在杯中环游；茶毫或浮于杯面，或由芽叶向四方散发，如明镜湖面的涟漪，叶底嫩绿鲜亮，秀丽匀整。"卷曲如螺、茸毛丰富、银绿隐翠"是蒙顶甘露的三个显著特征。品蒙顶甘露犹如"杯中观景"，当人们于都市茶楼品饮蒙顶甘露时，集品味与休闲为一体，春游之意从茶杯中自然而生，让人爱不释手。

蒙顶石花、蒙顶黄芽和蒙顶甘露均为全国名茶，从采制工艺上看，蒙顶甘露最为成熟，品质亦最优，也是雅茶集团主推的名茶。南北朝时期王子尚的名句"此甘露也，何言茶茗"，用在这里再贴切不过了。蒙顶甘露，这哪里是茶叶？分明就是甘露本身。

如今，历代雅茶人的努力都被历史铭记与镌刻。北京故宫博物院的"茶·世界——茶文化特展"的最后一个单元是"茶韵绵长"："茶文化是中华优秀传统文化的内容之一，为多样的世界文明增添了独特色彩。历经千年发展，茶伴随着文化交流、科技进步，正以更加丰富多样的形式活跃于世界人民的生活中。茶文化从传统中走来，滋养当代，也必将绽放于未来。"这一单元令人欣喜地展示了馆藏清廷留存的贡茶茶叶，其中就包括蒙顶黄芽。

数千年间，中国种茶技术不断提升，备茶方法也几度变化，历经传承与创新，茶从最初的药用、食用，发展到流行于今的大众饮品，始终在国家政治、经济、文化中扮演着重要角色。北京故宫博物院这次特展特别强调了制茶的"传统技艺"。四川省值得夸耀者有二，其中一个是绿茶制作技艺（蒙山茶传统制作技艺），另一个是黑茶制作工艺（南路边茶制作工艺）。

茶在中国历史深处熠熠生辉，而传承至今的各个神奇树叶中，蒙山茶排在第一位。

第5节 古法与现代工艺结合，成就茶叶之美

作为野生古茶树活化石宝库，雅茶集团四川省蒙顶皇茶茶业有限责任公司（简称蒙顶皇茶公司）的基地内存活的四株野生古茶树，均保留野生茶种的色、香、味，是世界稀缺的古茶树资源。在这片稀缺川茶茶树品种保护基地中，蒙顶皇茶公司拥有的稀缺茶树品种"四川中小叶种"已成为珍稀茶树资源，是中国唯一的温性茶茶树资源，其茶叶内含物质丰富、茶性温和。

在生产蒙顶甘露、蒙顶石花等茶叶的蒙顶皇茶公司制茶车间，可以看到最新的智能化生产线，而在关键的环节，为了保持最佳的品质，雅茶集团仍设置了依传统古法而形成的人工环节。

"古法与现代工艺结合，成就了中国茶叶最高品质的外在之美。"雅茶集团董事长古劲说，以四川省非物质文化遗产蒙山茶传统制作技艺的代表性传承人为首，由高级评茶师和高级制茶大师组成的创新研发团队，将古法制茶工艺与现代进口生产线进行了完美的结合。产品历经杀青、初包、复炒、复包、三炒、堆积摊放、四炒、烘焙等多道工序，团队对每一个环节都严苛要求，层层把关，确保蒙顶山茶产品成为品质优越、内含物质丰富的茶中珍品。

如果从吴理真植茶开始算起，中国茶的制作与品饮已经有了 2000 多年的历史，沿时光回溯，我们发现每个时代都会形成属于它自己的独特的茶文化。譬如唐朝

盛行煮茶，而宋朝则流行煎茶与点茶，到了明朝才开始以泡茶为主。应该说，茶叶的制作与品饮遵循的是一种越来越讲求实用性的法则。

在唐朝之前，茶叶的采摘与煎煮，都奉行简单原则。晋代《荈赋》里记载人们采摘的是秋茶，郭璞则以"冬生叶"来形容茶叶。一直到陆羽的《茶经》横空出世，才有了"采春茶"的理念："凡采茶，在二月三月四月之间。"

正是在唐玄宗天宝年间（公元 742 年），蒙山茶入贡长安，后于宋、元、明、清四朝均位列皇室第一贡茶。唐朝的时候，中国饮茶开始由粗放走向精致。茶圣陆羽的《茶经》开创并记录了那一时代的饮茶风尚。虽然陆羽强调本味，但唐朝盛行煮茶，仍先把茶叶碾成碎末，制成茶团，饮用时把茶捣碎，加入葱、姜、橘子皮、薄荷、枣和盐等调料一起煎煮。这种大杂烩味道丰富，但茶的原味是很难被味蕾所感受到的。宋朝有煎茶与点茶之分，其中煎茶是将研作粉末的茶投入沸水中进行煎煮，点茶则是将茶末在盏中先调成膏状，然后再用沸水冲泡。

明朝开国皇帝朱元璋废除团茶，开启了散茶朝贡的先河，上行下效之下，散茶泡饮终成风尚，并延续至今。散茶既简化制作流程，也让品饮方式更易于流传，更重要的是它更大限度地保存了茶的本味。蒙山茶几经迭代，到了明朝，蒙顶甘露开始占据主流，并非没有原因。可以说，蒙顶甘露顺应了散茶泡饮的大趋势，在新的茶文化背景下应运而生并开辟出了绿茶的新进程。

明末清初，中国茶已经在国际上开始流行。嫁给英国国王查理二世的葡萄牙的卡特琳娜公主，就是中国茶的拥趸。据说她苗条的身材就是拜中国茶所赐，诗人埃德蒙·沃尔特有流传于世的《饮茶皇后》，诗曰：

> 花神宠秋色，嫦娥矜月桂。
>
> 月桂与秋色，美难与茶比。
>
> 一为后中英，一为群芳最。
>
> 物阜称东土，携来感勇士。

助我清明思，湛然祛烦累。

欣逢后诞辰，祝寿介以此。

"月桂与秋色，美难与茶比"说的是月亮与秋天的美，在来自东方的茶汤面前都黯淡了下来。而在当时出口英国的中国茶中，亦有著名的蒙顶甘露。

据蒙顶皇茶公司副总经理刘永贵介绍，蒙山茶产自位于北纬30度的蒙顶山海拔800~1456米处的优质茶叶产区——蒙顶山茶园。该产区森林覆盖率高，空气质量好，水质上佳，常年多云雾，年平均气温13.5℃，土壤酸碱质适宜，适宜茶树内含物质的积累和茶树生长。蒙顶山茶园在原有茶场的基础上，建立了生态保护基地，实行严格的原生态的系统性保护。该茶园远离城市和工厂，彻底杜绝各种人为的有害污染，使茶源更加纯净，既保证了茶树品种和基因的优良纯正，又保护了整个生态系统。所有这一切，使雅茶造就了中国茶叶最高品质的内在基因。而蒙顶皇茶公司（原四川省国营蒙山茶场）于20世纪50年代建厂，其继承千年贡茶制茶工艺及品牌资源，独占蒙顶山核心产区1平方千米茶园基地、皇茶园及珍稀古茶树资源，独享"蒙顶"茶注册商标。公司生产的蒙顶黄芽、蒙顶甘露、蒙顶石花屡获国内外茶产业博览会大奖。

蒙顶皇茶公司的产品屡获大奖

蒙顶甘露的制茶工艺分为高温杀青、三炒三揉、解块整形、精细烘焙等工序。每年春分时节，当茶园中有5%左右的茶芽萌发时开始采摘。为保证品质，采摘遵循"五不采"原则：紫芽、病虫害芽、露水芽、瘦芽、空心芽均不采。

新采摘的茶芽会先进行摊放，然后进行杀青。杀青锅温为140~160℃，投叶量400克左右，炒到叶质柔软，叶色暗绿匀称，茶香显露，含水量减至60%左右时出锅。

接下来，要将茶叶投入锅中，用双手将锅中茶叶抓起，五指分开，两手心相对，将茶握住团揉4~5转，撒入锅中，如此反复数次，待茶叶含水量减至15%~20%时，略升锅温，双手加速团揉，直到满显白毫，使茶叶初步卷紧成条。此即所谓的三炒三揉，可决定茶叶外形及品质。

进入初烘环节，需采用烘笼进行，每笼烘500~600克，温度先高后低，从115℃慢慢降至90℃，隔2分钟左右翻动一次，烘至含水量减至8%左右。然后进行复烘以达到足干：同样是在烘笼中进行，每笼烘500~600克，温度保持在85~90℃，隔2分钟左右翻动一次，烘至含水量减至5%左右。

然后是匀小堆：在同一批次茶叶内，直接以眼看、鼻嗅、手捻等方式，将品质相近的茶叶拼合在一起。

最后，通过筛末、风选、拣剔等过程，使茶叶达到匀、净的要求。

蒙顶甘露茶叶

唐朝的白居易有诗云："坐酌泠泠水，看煎瑟瑟尘。无由持一碗，寄与爱茶人。"这一碗蒙顶甘露，就是为普天之下的爱茶人所采制的。

第 6 节　雅茶独具的灵性

　　雅茶集团引以为豪的是，雅茶的有机茶原料在生产过程中，不采用基因工程手段，不使用化肥、农药、生长调节剂等人工合成制剂，不使用辐射技术，在加工过程中不使用合成的食品添加剂，在产品的包装、运输过程中不造成二次污染，产品连续17年通过杭州中农质量认证中心有机产品认证。雅茶的制作加工实行可追溯有机管理，从茶园到茶杯，每一环节均有据可循、全程可监控。为了保护好这片大自然恩赐的茶园，现在的蒙顶山茶园，在原有茶场的基础上，建立了生态保护基地，实行了严格的原生态的系统性保护，既保证了茶树品种和基因的优良纯正，又保护了整个生态系统。

　　除了蒙顶甘露，雅茶集团的主推产品还包括蒙顶石花与蒙顶黄芽。

蒙顶石花

蒙顶黄芽

蒙顶石花和蒙顶黄芽与蒙顶甘露的工艺有所不同，但同样要经过六七道工序，以使茶叶品质达到最优。雅茶集团宁愿牺牲时间，也要将工艺做到极致，整套工艺中既传承古法，又利用现代智能机器而有所创新。

蒙顶石花的制法工艺沿用唐宋时期的"三炒三凉"制法。首先是鲜芽摊放，摊放时间为4～6小时，厚度为1～2厘米，摊放地要求清洁卫生、通光透风，摊放过程中要进行翻抖，这有利于水分的散发，使内含物质向有利的方向转化。

之所以要摊放，是因为鲜芽脱离母体后呼吸作用仍在进行，水分会通过芽表面的气孔蒸发，导致细胞组织脱水，引起物理变化和化学变化，在酶的催化作用下，使芽质变软，青气逐渐消失，淀粉分解为葡萄糖，双糖转化为单糖，蛋白质和多肽分解成氨基酸等。所以经过摊放的嫩芽，杀青时更容易脱水，比不摊放的鲜芽做成的蒙顶石花香气更加浓郁，滋味更加鲜醇。

鲜芽摊放后要杀青——这是所谓的第一炒：杀青锅温需保持在100～140℃，由高到低，逐渐下降，可使嫩芽温度达80℃，破坏酶的活化。在操作技术上，杀青每次投芽100克，当锅温达到要求时，将芽投入，用双手在锅中翻动，待水分大量蒸发时，改闷炒为闷抖炒结合，其手法为：采用单手，拇指和四小指分开，将锅中茶芽连抓2～3把，当茶芽基本抓入手中时，再撒入锅中，这样闷抖结合，交替进行，炒至茶芽含水量为53%～58%，减重率45%左右，芽色由嫩黄变成绿黄，茶香浓郁，历经5～6分钟，即为杀青适度。

下一个步骤名为"摊凉"。蒙顶石花加工摊凉次数多，目的在于使芽内外失水一致。摊凉持续20～30分钟，若摊凉时间过短，则达不到水分重新分配的要求，容易产生黄变。

然后还有二青的炒制。炒二青的锅温在80～90℃，投芽量每次约60克，炒制3～4分钟，炒后含水量为40%～45%；此程序多用单手操作，拇指和四小指分开，将茶芽在锅中压扁带抓，经过2～3次后，茶芽已抓入手中，然后手掌向上，将茶抛撒在锅中，反复进行，使水分散失，茶芽形成蒙顶石花扁平秀丽的雏形。然后，摊凉60～200分钟。

接下来的关键是做形提毫——此为第三炒。锅温为50～70℃，将二炒摊凉后的芽100克投入锅中，采用闷抖结合的手法，使茶芽受热失水，经过2～3分钟后，含水量减至25%左右，这时茶芽的可塑性好，采用压扁拉直手法，炒至含水量15%～20%，形状基本固定，将锅温提高到70℃，闷炒1～2分钟，白毫显露，含水量减至10%～14%即可出锅摊凉。

三炒结束后是烘干，在烘笼中进行，每笼烘100～150克，采用"文火慢烘"，温度保持在45～50℃，隔3～4分钟翻动一次，烘至含水量5%左右，然后下烘摊凉，簸去片末，包装贮存。

最后是"精制"环节。蒙顶石花在制好后，销售前需进行精制，主要以手工方式，用竹筛漏去碎断茶、细小茶等，以簸箕簸去黄片、叶茶等，再配合拣剔去除茶花蕾、非茶类杂物、不合格茶芽等。

从上述流程可以很明显地看出雅茶集团在制茶工艺上的坚持。"古法与现代工艺结合"并不是一句浮泛的口号，它贯彻在每一步具象的程序中。

再说蒙顶黄芽，它的制作分为杀青、初包、复炒、复包、三炒、堆积摊放、四炒、烘焙八道工序。由于芽叶特嫩，所以对其制作加工格外要求精细。这里需要特别提及的工艺有"初包"与"复包"。初包是轻微发酵，形成品质，具体步骤包括将杀青叶迅速用草纸包好，使初包叶温保持在55℃左右，放置60～80分钟，中间开包翻拌一次，促使黄变均匀。待叶温下降到35℃左右，叶色呈微黄绿时，进行复锅二炒，包黄是形成蒙顶黄芽品质特点的关键工序。复包则是为了增进品质，在二炒以后，为使叶色进一步黄变，形成黄色黄汤，按初包方法，将50℃的炒叶进行包置，经50～60分钟，叶色变为黄绿色。复包之后，即可复锅三炒。

蒙顶黄芽属于黄茶。"黄茶大概是各大茶类里较不为人熟知也相对较少被饮用的那一茶系。黄茶的制作在工艺上相似于绿茶，却多了一道焖黄的工序，正是这道工序使得茶叶在杀青基础上有所发酵，黄茶的叶和汤也得以转变成了黄色，这便是为何人们惯于形容黄茶为黄汤黄叶。"罗家霖在《中国茶书》中对黄茶和绿茶的区别有精辟的论断，"绿茶和黄茶就像是少年性格的两面，前者是占主导的一面，是符合其年龄感的蓬勃、生发和焕然，是时光驻足般全然反射着当下的一面；而后者则是他们在长大过程中不时会有的迷茫和未知，是光阴流转中有着前行趋势的一面。"

罗家霖说，在平日生活里，久置和保存不当的绿茶亦会暗黄，其颜色是一种由外而内的陈旧枯索感，如若冲泡，其茶汤口感定与外形感一样乏味；而黄茶之温润的色泽则散发着一种由里及表的内在张力，这是非酶性氧化之后的黄色。若以绿茶为参照，除色泽的差异之外，品饮黄茶的茶汤首先就可以捕捉到其轻微发酵所带来的香和味的变化，其口味少了绿茶的鲜明和盎然，也少了对肠胃的寒凉刺激；在茶汤的质感上，则比绿茶的轻盈透明多了些立体厚度，也多了一点好似小朋友在成长中的懵懂感。

《中国茶书》称，蒙山茶除蒙顶甘露外，蒙顶黄芽亦是自古一绝。所谓蒙顶黄芽，"蒙顶"当然为其出处；"芽"亦如前所述指采芽为茶青；"黄"则是说明其为黄茶的一种，并非绿茶。尽管黄茶在中国的茶类中不为主流，但它并不乏如蒙顶黄芽这样的名茶。值得注意的是，同为蒙山茶，蒙顶黄芽的外形迥然不同于蒙顶甘露，它扁直而匀整。

罗家霖高度赞扬蜀茶所承载的历史意义和耐人寻味的感官特质，认为其是中国极其丰富的绿茶资源系统中颇具特色而无可取代的一环。"最深得你我之心的诗人李白曾云：'蜀道难，难于上青天。'这正是四川最基本的地理特征，即山峦重叠，险峰不断，屏障天成，四川也因此而拥有众多的名山。名山出名茶，在这些云深雾重的山林之间，终日湿润，水汽不散，与茶为邻的植被和飞禽走兽种类繁多。中国唯此一处的地理环境让这里的空气雨露天下无二，也让峰峦中的川茶独具灵性。"

"中国唯此一处的地理环境"，这是对蒙顶山极具高度的评价。而现代雅安茶人并没有辜负这得天独厚的地理环境，在"带头大哥"雅茶集团的引领下，蒙山茶又以传统与现代工艺的独特结合，在中国茶市场上赢取了口碑。

以蒙顶甘露为代表的雅茶，正酝酿着掀起茶界在千年传承基础上的大创新。

第 4 章

雅安藏茶，穿越茶马古道的黑茶鼻祖

第 1 节　博物馆的中国梦

"史承千古韵，馆藏藏茶香。"

2023 年 11 月 22 日，中国藏茶博物馆正式开馆，面向公众开放。这是雅茶集团董事长古劲期待的一刻。在开馆仪式上，他在致辞时内心有些许的激动："中国藏茶博物馆承载着传承和弘扬雅安藏茶文化的重要使命，馆内陈列了各类有关雅安藏茶的历史文献和实物资料，是集收藏、研究、展示、教育等功能为一体的重要文化场所，是宣传藏茶文化、推动茶文化交流的重要窗口。"

中国藏茶博物馆因传承藏茶历史、研究藏茶文化、促进藏茶产业发展而建。它位于雅安国家农业科技园区内，占地面积约 6600 平方米，建筑面积约 7760 平方米。该馆以"聆听古道回响、穿越千年藏茶"为主题，重点展示雅安藏茶历史文化、雅安藏茶发展历程、雅安藏茶制作技艺的传承与变迁，以及历史上著名的雅安茶号等内容。

中国藏茶博物馆

在中国藏茶博物馆，雅安藏茶被命名为"一种古老而又年轻的茶叶"。在博物馆的前言中有这样的表述："说它古老，因为它有数千年的生产历史和技艺传承；说它年轻，因为它恢复命名不久，正朝气蓬勃、焕发生机。"

雅安是中国黑茶的发源地。因为藏区不宜植茶而生活中又有对茶叶的刚需，所以藏族人民形成了"依靠世界茶源生态之地"雅安进行制茶供给的习惯。藏茶生产历史悠久，品质优异，属黑茶类，其制作技艺为人类非物质文化遗产。

雅安享有"中国藏茶之乡"的美誉，雅安藏茶也被誉为"黑茶鼻祖"。千百年来，通过茶马互市、以茶易马，藏茶成为维系民族团结、维护边疆稳定的纽带。

"茶马古道，应运而生，万里茶路，锅庄村寨，见证背夫、马帮熙来攘往，把健康与文明带上雪域高原。"中国藏茶博物馆的导言中称："中国藏茶博物馆将融合藏茶产业振兴与非物质文化遗产保护，担起传承世界茶文明的历史重任。"雅安藏茶拥有着数千年的文化，也拥有着朝气蓬勃的生命力。中国藏茶博物馆的建立，意在传承茶马古道历史文化、茶马古道文化遗产和雅安藏茶的精神文化，展示雅安藏茶茶产业、茶科技的发展状况，促进雅安藏茶市场的蓬勃发展。

进入中国藏茶博物馆，映入眼帘的是采用声光电手段进行的各种人物场景还原。观众将在此穿梭古今感受雅安藏茶历史文化的厚重与传承。中国藏茶博物馆以浮雕形式讲述传统藏茶从雅安运进西藏的过程，以"一条古道，千秋茶情"为设计主题，分为川、藏两个部分，从采茶、制茶和运茶，到以茶易马、茶入藏区和藏族同胞饮茶的画面，展示民族融合的川藏情。茶马互市起源于唐代，鼎盛于明及前清时期，直到今天，雅安藏茶还在源源不断地向藏区供应。观众在画面中看到的是清朝人物造型，彰显茶马贸易的悠久历史和厚重底蕴。这些画面结合印章的表现形式，融入雪山、茶马古道、背夫等设计元素，形成一个带有茶马古道历史文化特征、简洁而易于传达的博物馆标志符号。

中国藏茶博物馆内景

提到藏茶，不得不再次强调一下雅安这个地方。雅安市地处四川省西南，由二郎山与西藏接壤，以蒙山茶的产地、大熊猫的故乡而闻名，中国西南地区著名的茶马古道就在这里。雅安地处四川盆地和青藏高原的过渡地带，地理形态独特，汉藏文化交汇融合，文化历史底蕴丰厚，山川秀美，生态良好，是天然氧吧。这个古称"雅州"的城市，历来有"川西咽喉""西藏门户""民族走廊"之称。2022 年 12 月 22 日，四川雅安"新八景""新三雅"正式对外公布，其中"新三雅"为雅茶、雅宝（大熊猫）、雅石（汉白玉）。

"一日无茶则滞，三日无茶则病。"是生活在世界屋脊青藏高原的各民族同胞广为流传的茶谚。但很少有人知道的是，藏茶并不产于西藏，而是来自四川的雅安。千百年来，雅安人民经过长期的生产加工实践，探索出了被列入人类非物质文化遗产名录的传统藏茶制作技艺，其至今还在发挥积极作用，造福各民族同胞。

四川与茶叶的渊源可追溯到数千年前，而雅安又是其最初的起源地。《茶史初探》称：我国历史上所有的茶和茶义的名与字，无不出自巴蜀方言。巴蜀是我国和全世界茶产业、茶文化的摇篮。雅安是世界上有文字记载的人工种茶最早的地方。《四川通志》记载："汉时（公元前 53 年—前 50 年）甘露祖师姓吴名理真者手植……"《茶业通史》经考证得出结论："蒙山植茶为我国最早的文字纪要。"至于雅安与西藏的茶叶往来，《雅州府志》说得非常清楚：雅州道路直达西藏，每年茶引数目增减，课税抽添，裕国通商务必长远谋划。

雅安是紧邻藏族人民聚居地的茶叶产区，是最早的藏茶生产与运输地。关于茶叶最初如何进入西藏，有这样一个传说："从前，国王都松莽布支得了一场重病，当时吐蕃没有精通医道的医生，国王只能注意饮食行动，加以调理。当国王安心静养时，王宫屋顶的栏杆角上，飞来一只以前没有见到过的美丽的小鸟，口中衔着一根树枝，枝上有几片叶子……国王发现这是以前没有见过的树的树枝，于是摘下树叶的尖梢放入口中品尝其味，觉得清香，加水煮沸，成为上好饮料。于是国王召集众大臣及百姓说：'诸位大臣及平民请听，我在这次病中对其他饮食一概不思，唯独小鸟衔来的树叶作为饮料十分奇妙，能养身体，是治病之良药。对我尽心尽力的大臣们，请你们去寻找这样的树长在何地，对找到的人我一定加以重赏。'吐蕃的臣民们奉命在吐蕃的各个地方寻找，俱未找到。大臣中有一名最为忠心、一切只为国王着想之人，沿着吐蕃边境寻找，看见汉地一片密林笼罩紫烟，就前往该处……取树枝送到国王驾前。国王十分欢喜，对此大臣重加赏赐。国王疗养病休，亦大获效益。"这个故事来自成书于 1434 年的《汉藏史集》，带有明显的演绎色彩。从正史上考证，茶叶传入西藏的时间有七种不同说法。

其中流传最广的说法是唐贞观十五年（公元 641 年）由文成公主将茶叶带进西藏，这源于《西藏政教鉴附录》的相关记载，民间也有"自从公主和亲后，一半胡风似汉家"之说。而据《汉藏史集》记载，茶叶进入西藏的时间为都松莽布支在位时期（公元 676 年—704 年）。《甘孜藏族自治州史话》则将时间上溯到公元 6 世纪："茶叶输入藏区之始，正是藏文创字之时"，即雅茶进入西藏的时间在藏文创字的公元 598 年前后。

当代史学家翦伯赞在《中国史纲要》中认为："在安史之乱后的三十多年里，汉族地区的茶叶传入吐蕃"。按照这个说法，时间点当在"安史之乱"后的公元 763—803 年，这与李肇《唐国史补》中的记载——唐德宗时期（公元 780—805 年）常鲁公使西蕃烹茶帐中一致。

另有一种说法是，茶叶入藏在西汉扬雄《方言》与隋代陆法言《切韵》成书之间，即公元前 53 年—公元 619 年。

而据中央电视台和《光明日报》等媒体报道，中国科学院等国内外专家合作，于 2016 年 1 月对西藏阿里地区古如甲木寺遗址发现的茶叶残体进行了鉴定分析，发现了符合茶叶植钙体、茶氨酸和咖啡因的系统性证据，确认这些植物残体是茶叶，说明茶叶传入西藏可追溯到 1800 年以前的东汉，当时是西藏古象雄王国时期。这个最新考古成果显示茶叶比文成公主早了四五百年入藏。

"博物馆不仅是历史的保存者和记录者，也是当代中国人民为实现中华民族伟大复兴的中国梦而奋斗的见证者和参与者。我们始终坚定文化自信，顺应文化繁荣发展的时代潮流，加强雅安藏茶文化遗产的研究与保护，深度挖掘藏茶文化的蕴含价值，全力推动雅安藏茶文化历久弥新。"古劲在宣布中国藏茶博物馆开馆的那一刹那，内心感受到的是参与实现中国梦的激荡豪情。

第2节 中国的藏茶——扎西德勒!

茅盾文学奖得主王旭烽有一次去雅安，在青衣河边访茶。

她曾在中国茶叶博物馆工作，久居杭州，身边被数不清的名茶所包围，但还是被蒙顶山的藏茶打动了。

"遥望蒙山，以怅寥廓。我仿佛看到对岸有一群马，从唐朝向我奔来，一色棕红，身披天光……披在它们身上的，是浩瀚的天外之光，那是从雅安的天空漏下来的光明，漫射大地，把马群映照得即朦胧又神秘。它们穿越宋代，踏入明清。千年的长途跋涉磨砺了它们的身形……而它们健颈轻昂，长须在晚风中微微飘扬的神态，使我竟以为它们是雪域高原那些鼻梁高耸、面庞瘦削的鹰一般的康巴汉子的化身。就是在这样的傍晚，我闻到了藏茶那特殊的浓香。"王旭烽这样写道。

王旭烽熟稔雅安与藏茶的历史。她知道，雅安在藏语里的意思是牦牛的尾巴，那牦牛的身子就在藏区，所以雅安挨着藏区，离康定很近。那里可不仅仅是站在跑马山上唱情歌的所在，那里还是茶叶贸易的重镇。藏族人民所喝之茶，有很多就是从那里人背马驮，翻过雪山，到达藏区中心的。她说："我不知道从前藏族人民没有接触到茶的时候是如何生活过来的，但我知道他们喝茶的历史已经有一千多年了。"

那一次雅安之行，王旭烽收获甚多。她带回了一些藏茶，马上喝了起来，一直喝到她起身撰写《马上喝藏茶》。在写作的时候，她心里还不停地默念：扎西德勒！扎西德勒！中国的藏茶——扎西德勒！

扎西德勒

一个喝西湖龙井长大的茶人、国家一级作家，此刻被雅安藏茶所征服。

提起黑茶，现在人们首先想到的是普洱茶，这是近年市场营销的结果。事实上，正如前文所说，最早的黑茶生产在雅安，雅安藏茶堪称黑茶鼻祖。在21世纪之前，提起黑茶，人们首先想到的就是雅安藏茶。1000多年来，雅安藏茶一直被西北少数民族视为健康之茶、生命之茶，是再发酵茶中的品质保证。雅安藏茶的历史，就是一部茶马古道史，那历史深处升腾的氤氲茶香，源头即为蒙顶山。

茶叶来自汉地的说法无疑是准确的，藏茶对疾病的疗效也一直是科学界研究的热门话题。李贵平在《历史光影里的茶马古道》一书中提到这样一个故事：当年文成公主在江夏王李道宗的护送下，从长安出发入藏，翻过日月山，走到青海湖边。这时随行人员出现头昏脑涨、四肢乏力的症状，队医把脉后找不到准确原因。文成公主吩咐侍卫，从宫中带出来的贡品中取出蜀中贡品蒙山茶，加入从倒川河里取来的净水，煮开后拌上藏族奶酪让随行人员缓缓喝下。稍事休息后，随行人员不适感觉全无，无不大惊，问文成公主何故，文成公主道："大家自踏上高原，一路少吃蔬菜水果，吃的多为青稞糌粑、牛羊肉和奶酪。饮食的变化和干燥寒冷气候是引起身体不适的主要原因。《神农本草记》里说：'神农尝百草，日遇七十二毒，得茶而（古代把茶称荼）解之。'茶叶具有药用的作用，能消食、解腻。"随行人员听罢，恍然大悟。

抛开这些传说不谈，藏茶有益于健康在当代也有了科学论断。如《农产品质量与安全》杂志 2022 年第 4 期刊发署名胡燕的文章《茶叶中有机酸、茶多糖的功效及其在雅安藏茶中的研究进展》，其中就提到：雅安藏茶是一种地方特色性黑茶，因主要产于四川省雅安，历史上长期畅销青藏高原地区而得名。广义的雅安藏茶包括传统藏茶（南路边茶、边销茶，康砖茶、金尖茶）和新型藏茶。雅安藏茶属于后发酵茶，一般采用一芽三叶至五叶的新梢作为原料，叶片的成熟度较高，富含有机酸和茶多糖。雅安藏茶中康砖茶的有机酸总量为 2.22%～2.90%，在不同类别黑茶中处于较高水平，具有助消化、调理肠胃、抗氧化和抑菌作用。雅安藏茶的茶多糖，则有降血糖、降脂减肥、抗氧化、抗癌、辐射损伤防护等功效。

总结起来，藏茶共有十大功效与作用：

提高免疫力。藏茶中含有丰富的多酚类物质，能够增强人体免疫力，预防多种疾病。

抗氧化。藏茶中的茶多酚和儿茶素等多种活性成分，具有很强的抗氧化作用，能够减缓人体老化速度。

改善口臭。藏茶中的茶多酚和儿茶素等成分，能够有效消除口臭，改善口腔健康。

降低血脂。藏茶中的茶多酚和儿茶素等成分，能够有效降低人体内的胆固醇和三酰甘油含量，起到降低血脂的作用。

促进新陈代谢。藏茶中的多种成分，能够促进新陈代谢，加快身体内废物的排出，保持身体健康。

提高消化能力。藏茶中的茶多酚和儿茶素等成分，能够促进肠胃蠕动，增加胃液分泌，提高消化能力。

缓解焦虑。藏茶中的茶多酚和儿茶素等成分，能够缓解焦虑和紧张情绪，让人心情愉悦。

减肥瘦身。藏茶中的茶多酚和儿茶素等成分，能够促进脂肪代谢，减少脂肪囤积，达到减肥瘦身的效果。

提高睡眠质量。藏茶中的儿茶素等成分，能够促进睡眠，提高睡眠质量。

预防心脑血管疾病。藏茶中的茶多酚和儿茶素等成分，能够有效预防心脑血管疾病，保护心脏。

藏茶是有千年历史积淀的好茶，但没有得到充分的发掘，是时候让它走出藏区，让世人品茗了！有鉴于此，雅茶集团专门成立了藏茶厂，除蒙顶甘露等绿茶之外，更致力于将传统正宗藏茶制作工艺与现代智能设备相结合，以期为爱茶的现代人带来"藏茶那特殊的浓香"。雅茶集团着力打造藏茶产业，也是看中它有非常大的品牌提升空间。雅茶集团藏茶厂是雅茶集团主要生产藏茶的现代化加工厂，占地 43 440 平方米，总建筑面积 23 000 平方米，总投资 1.68 亿元。厂区主要分为生产包装车间、智能仓储车间、雅茶文化展厅、雅茶产品展示区、电商直播区五个部分。

现在，喝藏茶再也不需要像王旭烽一样专门去雅安或西藏了，雅茶集团的藏茶已在全国各地市场站稳脚跟。

扎西德勒！扎西德勒！中国的雅安藏茶——扎西德勒！

第3节 千年藏茶，重塑辉煌

在中国藏茶博物馆中，有一个展厅专门展览了中国历史上的"茶马互市"。

藏茶传入西藏之后，藏族同胞有"宁可三日无食，不可一日无茶"的感悟。唐睿宗时期，吐蕃赞蒙赤马洛向大唐朝廷首次提出开通互市，双方于706年在长安约定以青海赤岭为界，首开茶马互市。中国藏茶博物馆采用幻影成像的展示形式，通过人物扮演并结合实景模型，上演了一段虚实结合的真实茶马市场，再现盛景。

宋朝在茶马互市历史中有特殊地位。因为战争频发，需要大量军费和大批马匹，宋朝于太平兴国八年（公元983年）开始设置茶马司，专管茶马贸易。熙宁七年（1074年），朝廷派李杞入川，"筹办茶马政事"，在成都设置"都大提举茶马司"，榷川、陕茶叶换取番马。在四川雅州（今雅安）、甘肃天水分别设立茶马司，实行官买官卖。

全国唯一的"茶马司"遗址位于雅安市名山区新店镇318国道旁，迄今已有近千年历史，其职责为"掌榷茶之利，以佐邦用；凡市马于四夷，率以茶易之"。茶马司有赭红色的石墙，泛黄的木门，灰色的檐角，黑色的牌匾挂于正门上端，匾中金色的藏汉文字提示过客这里是茶马古道最佳的见证。

"茶马古道"作为一个概念被提出，是在30多年前。关于茶马古道考察和研究的第一篇论文《论茶马古道的历史地位》和第一本专著《滇藏川大三角探秘——茶马古道研究》都出现在 1992 年，随即引发巨大反响。它们的作者、北京大学教授陈保亚说，一度被遗忘的马帮古道并不是局域古道，而是延伸到很远的地方，其主要有两条，一条从西双版纳经过大理、中甸、拉萨到尼泊尔、印度，另一条从雅安经过康定、拉萨到尼泊尔、印度。这两条远征古道赖以维持的必要物质是茶，最主要的运输工具是被驯化的马、驴及杂配的马骡、驴骡，高寒地带则是牦牛。我们把这两条马帮古道命名为茶马古道。

"茶马古道"的概念

大约从晚唐开始，茶逐渐成为很多藏族人每天饮食结构中必不可少的部分，嗜茶行为开始在青藏高原出现。根据史料记载，当时在河西及青海日月山一带已经开始茶马互市，茶叶大量运往藏区。陈保亚认为，很可能存在一种"择食生存"原则，即有饮茶习俗的藏族人民更容易在高原生存。茶马古道源于藏族人民对茶的依赖，藏族人民出没的地带就是茶马古道延伸的地带。茶马古道还连接着生活在喜马拉雅山和横断山深处及周边国家的各个民族。这些民族也在茶马古道上进行各种物质交换和文化交流，从而使茶马古道迅速覆盖了早期的各种局域马帮古道，成为跨越世界屋脊的生命纽带。在喜马拉雅山的山脚下，也能听到马帮述说四川雅茶的故事。

2015年，华西都市报副主编李贵平随藏羌茶马古道考察队一道，深入横断山进行考察。他在《历史光影里的茶马古道》一书中说，雅安作为川藏茶马古道上最为特殊和重要的地方，不仅是我国重要的边茶产地，也是川藏茶马古道最大的茶叶物资源头。正是有了雅安源源不断的边茶供给，1000多年来，边茶就像一条坚实的纽带，把藏汉人民紧紧地连在一起。

据史料记载，清代每年输入西藏的茶70%以上来自四川，其中主要为雅州（今雅安）所产的边茶。以雅安为制造中心的南路边茶，在雪域高原声名远播，在川藏茶马交易的鼎盛时期，曾经"岁运名山茶二万驮"，而名山茶马司接待的通商队伍人数一天竟多达2000人，盛况可见一斑。雅安边茶的繁荣，造就了百年不衰的商业神话。一代代商人因经营南路边茶而致富，有的甚至成了巨富。李贵平说，专业生产边茶的作坊又称"茶号"。在明朝仅有二三十家，到清朝则发展到了七八十家，成为雅安历史上最具代表性的一项民族工商业。其中像义兴隆、天增公、孚和、永昌、姜家等几家大茶号都是经营了数百年的老店。这种格局一直延续到20世纪80年代末期。

虽然有一些老字号撑住了门面，但雅安藏茶产业在清朝末年，整体上陷入低谷。

中央民族大学经济学教授罗莉在《雅安藏茶产业的变迁发展》论文中认为，近代，英国人将东印度公司所垄断的印度茶叶输入西藏是藏茶衰落的重要原因。当时，印度茶叶在西藏的销售比例高达80%。英国人深知藏汉茶叶贸易密切，于是派人到雅安学习，窃取制茶方法并在印度大面积栽种茶树，甚至在茶叶的外形、包装、商标和招贴上仿冒雅安藏茶，向西藏乃至其他藏区倾销。此外，长期饱受"以茶治边"之苦的藏族民众对封建王朝不满，虽不喜欢印度茶叶，但也别无选择。上述种种原因致使雅安茶商蒙受巨大损失，纷纷歇业倒闭，产业从此一蹶不振，产量一落千丈，原料生产、成品加工、市场营销等各方面都几乎瘫痪，雅安藏茶生产的整个环节都处于被动而无法正常进行。

民国时期，国民政府农商部借抵御印茶侵销西藏之名，有意再次对边茶贸易实施统一经营管理，当时雅安私营茶号发展到 100 多家，但因军阀混战、苛捐杂税，雅安藏茶产业成为他们敲诈的重要对象，茶号首当其冲，一些茶号纷纷关门，导致民国边茶茶荒，历来专以产销边茶闻名的雅安、天全、荣经、名山、邛崃五县中，名山、邛崃两地的茶号已全部倒闭。到民国 24 年（1935 年）茶号仅剩 30 多家。1939 年，西康省成立，国民政府为垄断边茶经营，在雅安筹备成立"康藏茶叶股份有限公司"，该公司是地方企业和官僚资本联合的产物，其中官僚资本占 20%，民族资本占 80%，对边茶实行统一经营，包销全部茶叶，这是雅安藏茶历史上的第二次统制。但由于少数大茶号的垄断，中小茶号听任摆布的行为，造成公司经营不讲信用，掺杂使假，任意抬价，引起藏商的强烈不满。1944 年，陕帮和川帮相继退出公司，致公司元气大伤。

到 1949 年，该公司年生产茶包数量仅四万包左右，比 1939 年下降 90%。到中华人民共和国成立前夕，整个雅安地区仅存茶号 48 家，边茶原料产量只有三万担左右，年加工边茶成品仅 36 000 担。南路边茶到了历史的最低点。

四川省茶叶流通协会原秘书长陈书谦近年致力于藏茶文化口述史，他与窦存芳等人编著了《中国藏茶文化口述史》一书，留下了很多珍贵的历史信息。生于 1930 年的四川雅安人李文杰讲述的故事，可以看作藏茶百年发展的一个缩影。李文杰祖上成立兴顺茶号，从明代嘉靖年间开始做边茶。20 世纪 30 年代，他祖父一代有 27 房（27 个弟兄），是个大家族。那时候雅安小五街一条街都是李家的。后来因家族有人抽大烟，又遭受了一次火灾，导致家业全部烧毁，家道一下子就衰败下来，雅安的茶生意也做不起来了。李文杰 15 岁初中毕业，到孚和茶号当了学徒，当时孚和茶号是雅安最大的茶号，他一边学制茶一边做销售，干了三年多后到了 1950 年新建的新西远茶厂，这个厂 1953 年垮掉了，之后他被安排到西康省茶叶公司，很快这个公司因公私合营被合并到了五一茶厂，后来又合并进入国营雅安茶厂。1978 年他被调动到地区茶叶公司，1992 年退休，那时候雅安茶厂还没有改制。

李文杰说，中华人民共和国成立后，雅安茶厂开始实行计划经济。雅安茶厂在文定街是不收购茶叶鲜叶的，都是先收购初制毛茶，然后进行精制加工，再进行销售，茶叶是统购统销。从中华人民共和国成立前夕至今，雅安藏茶的传统制茶工艺主要的流程基本上没有变化，但具体加工方法特别是各种加工机具的发展变化比较大，比如新的深堆发酵法和保温发酵法。他亲身经历了工艺从人工变为机械化的过程，人工减少、产量提高，而且机械加工的效果更好。古代都是以茶治边，中华人民共和国成立后才满足了边疆地区人民的茶叶需求。

在李文杰退休之后，国营雅安茶厂慢慢开始改制，雅安藏茶也面临如何在市场化的大潮中站稳脚跟的问题。自 1992 年起，国家还建立了国家储备制度，规定了边销茶原料储备品种及边销茶成品储备品种。2002 年后，国家放开了边销茶生产资格的权限，边销茶生产企业开始逐渐增多，边销茶的产量也不断提高。

在市场经济条件下，雅安的藏茶企业纷纷采用"公司＋基地＋农户"模式进行发展，按照现代企业的要求进行经营管理，产权明晰，并鼓励龙头企业以品牌为纽带，实行资产重组和生产要素整合。但进入 20 世纪 90 年代后，藏茶在市场占有率上开始逐渐落后于其他黑茶品类。雅安市委、市政府正是出于提升雅安藏茶市场空间的考虑，才进行做大雅茶集团的规划。

雅茶集团董事长古劲说，传统的雅安茶商只注重茶产业的前端（茶园基地），并不重视后端（市场与品牌），夸大一点说，在其他黑茶产区，一个人投入生产茶叶可能有 100 个人帮着做市场营销，而在雅安，可能 100 个人生产茶叶却只有一个人去做市场营销。现在形成的战略共识是集中优势资源，把包括藏茶在内的雅茶做大。自雅茶集团成立以来，员工、厂房与品牌策略从无到有，中间备尝艰辛，在经历过一段消除不信任与怀疑的过程和不断试错后，雅茶集团才一步步走到今天。他相信，在各方支持下，凝聚天时地利人和，雅茶集团一定会成功。他的梦想并不局限在雅茶集团，而是在优先做大雅茶集团的基础上，以行业龙头的身份带动整个雅茶产业的进步。

第4节 "黑茶一何美，羌马一何殊"

全国政协委员、作家艾克拜尔·米吉提曾去雅安参观过中国藏茶博物馆。看着博物馆内一幅幅珍贵的历史照片和形象地还原的藏茶采摘、生产、运送的历史瞬间，他感觉非常震撼。坐在中国藏茶博物馆品茶区，艾克拜尔·米吉提一边享用甘醇的藏茶，一边聆听茶室主人娓娓道来。他发现，在这昔日边地咽喉雅安，品茶的茶具也要比江南粗犷得多，这里不是以浅浅小盅细品慢咽，而是以茶缸大口畅饮，给茶赋予了另一种风格。或许这是一种文化的反馈，当背夫们将茶背到藏区的同时，又从藏区带回了大缸喝茶的豪迈，形成了雨城雅安一道独特的风景。

艾克拜尔·米吉提后来记录下了他的感悟：藏茶是各种制茶工艺中流程最为复杂、最为耗时的茶类，通常需要经过和茶、顺茶、调茶、团茶、陈茶五大工序和 32 道工艺，用时六个月左右方可依照古法炮制而成。如今，藏茶汉饮蔚然成风。品尝藏茶有四绝，称为"红、浓、陈、醇"。"红"，指茶汤色透红，鲜活可鉴；"浓"，指茶味地道，饮用时爽口酣畅；"陈"，指茶香沉郁，且保存越久，香味越是浓厚；"醇"，指入口不涩不苦，滑润甘甜，滋味醇厚。的确，在透明的玻璃茶缸中，藏茶特有的红色显得十分纯净。

在中国藏茶博物馆，也可以看到享受国务院政府特殊津贴专家、四川省作家协会名誉副主席何开四所作的《中国藏茶赋》。《中国藏茶赋》的第一段即开章明义："中国藏茶，始制雅安；蔚为隆盛，古今皆然。一茶而性命所依福及人类，一饮而民族团结辉耀千年。斯茶产业之传奇，亦中华之龙光焉。"短短五十二个字，既交代了藏茶源自雅安的历史，又点出藏茶在造福人类和民族团结上已辉耀千年，不仅是茶产业传奇，也是中华的荣光。

如果我们了解了有关藏茶的历史，就知道这种称誉绝非溢美。《牡丹亭》的作者，明代文学家汤显祖亦曾赞美雅安藏茶："黑茶一何美，羌马一何殊。"

《中国藏茶赋》近年在中国西部地区和茶人之间流传，颇受好评，它的第二、三段写的是："壮哉，世界屋脊！蓝天白云，雪山圣洁，固天下向往之境；然高原苦寒，空气稀薄，为人类生存之困。非高能高热，无以御其寒；非营卫调和，无以健其身；非益气补养，无以壮其魄；非安康快乐，无以畅其神。问天下灵物安在哉？有之，则藏茶也。故藏区长传：腥肉之属，非茶不消；青稞之食，非茶不解。一日不饮则滞，三日不饮则病；好马相伴千日，好茶相伴终身。生命之重，生命之轻，端赖茶饮以持也。

扬子江心水，蒙山顶上茶。慨乎雅安宝地，温润多雨；天地造化，云交雾凝。斯亦藏茶产出之佳境也。高山茶树，优良茶种，得天地之灵气；春秋代序，寒暑相推，蕴自然之菁英。新春新芽新梢，养生养颜养心。藏茶工艺，百代传承；名录非遗，制作最精。工序虽繁，未敢稍减；周期漫长，不废日旬。实黑茶类之鼻祖，亦发酵茶之神品。其形如砖如饼，其汤红褐晶莹，其味醇厚爽口，其香馥郁通经。融洽色香味形质，德通敬逸和怡静。其美精审，有艺术品之韵致；厥功至伟，集民生茶于大成。"

"扬子江心水，蒙山顶上茶。"也只有天地造化的雅安宝地，才能产出如此得天地灵气的好茶。而列入非遗名录的藏茶工艺，更是经过百代传承，制作最精。作为黑茶鼻祖，藏茶堪称藏族人民的生命之茶，一日不饮则滞，三日不饮则病。

在该赋的最后三段，更多谈论的是历史、商贸与文化：

"伟哉，茶马古道，逶迤万里；山重水复，石破天惊。江流喧豗，山间铃响来驮队；背夫负重，崇岗壁立险道行。出雅州，过碉门，经黎州，路行藏区五千里；历风雨，曝霜露，渡天堑，四时劬劳何艰辛。茶马互市，锅庄交易，悠悠岁月流逝；市廛喧哗，把茶言欢，陶陶民族和融。犹忆大唐华章，八荒炳耀，茶以和亲，文成公主懿德垂范；世事沧桑，遗风未沫，茶以惠藏，汉藏一家茶乳交融。爰及现代，天翻地覆；茶韵昂扬，大吕黄钟。

嗟乎，蒙顶春色连天碧，中国藏茶气象新。四海惊艳宏图出，中国藏茶第一城。十里方圆，藏风聚气；万亩茶园，葳蕤青葱。周公山麓，青衣江畔，山水开画境；藏茶文化，艺术长廊，弦歌立文心。产城一体，文旅融合，创辟茶产业新模式；八面来风，游养商贸，椽笔挥洒大丹青。入斯地，陶然也；闻斯教，欣然也。茶祖广场仰先圣，千古高风启后昆。始祖神农氏，以茶解毒，恩泽华夏五千载；茶祖吴理真，慧眼灵识，种茶世间第一人。茶圣陆羽，博赡精核；茶经流布，发唱惊梃。

至哉，茶运系乎国运，国运可昌茶运；茶兴百业兴，品茗复富民。茶道亦道，内蕴万机；国之重器，民生根本。雪域春浓，各族共饮；神州欢忭，茶为国饮。'一带一路'大格局，中国藏茶万里行。乾坤满清气，茗茶致和平。中国藏茶，时义大哉；中国藏茶，日新月新岁岁新！"

"蒙顶春色连天碧"，而雅安是名副其实的"中国藏茶第一城"。

郑林、向艺在高职茶艺参考书《实用茶艺》中提到，雅安藏茶原料采摘于海拔1000米以上的高山，是由当年生成的熟茶叶和红苔，经过特殊工艺精制而成的发酵茶。藏茶属于最典型的黑茶，干茶颜色呈深褐色，后期可自然转化发酵，因此又叫后发酵茶。我国黑茶始制于四川。雅安藏茶历史悠久，因产于雅安，唐宋以来畅销藏族聚居区而得名。优质藏茶外形颜色为深褐色，质地均匀、黑而光亮（乌黑）、香气纯正，无杂味，汤色呈淡黄红，继而转为透红，随热气上扬，徐香不断。优质藏茶的口感甘甜，不涩不苦，吞咽滑爽。

雅安藏茶制作技艺经千百年传承、演变，为雅安主产区所独有。传统上雅安藏茶的制作技艺主要依靠茶号和茶厂的传统艺人、工匠在加工过程中代代口授心记，近代始有文字记载。雅安藏茶的生产在明朝以前为分散加工，由朝廷统一收购经营。清朝允许民间藏茶贸易，于是私营藏茶企业渐渐增多。

进入当代，雅安茶人运用传统制作原理研制开发的系列藏茶新产品，不仅继承了传统藏茶特有的口感、风味、功效和内含物质，在品种、包装、饮用方式、收藏、装饰等方面，更符合现代都市人的生活需求。"边茶内销""藏茶共饮"的产销思路，促进了藏茶产品的革新和营销理念的转变。

茶马古道已成往事，如何在新时代抓住新机遇，开辟出一条属于雅安藏茶独特的产销通道，是摆在雅安集团面前的一大问题。

雅茶集团受邀参加川藏人力资源协同开放发展大会展览，集团党委书记、董事长古劲现场
推介雅茶产品和雅茶饮料

雅茶集团已经准备好了。

第 5 节 "神秘、传奇、养生、感悟"

传统藏茶是在茶马古道的长途运输过程中产生的，它既要适应长时间储存的需要，又要满足青藏高原的特殊饮用偏好。自唐朝以来 1000 多年，藏茶形成了一整套从种植、初制到加工运输的独特工艺，在明清时期趋于成熟。雅安藏茶主要分为四种：金尖、康砖、芽细和散藏。

金尖茶是传统藏茶骨干产品之一。其为圆角长方体，每块长 22 厘米，宽 18 厘米，高 11 厘米，重量 2500 克，四块装一条包，另外也有 650 克盒装的。金尖茶外形紧实、无脱层，色泽棕褐油润；内质香气纯正、陈香明显，汤色红亮，滋味醇正，叶底棕褐色、带梗。自 1989 年起，国家质检总局发布执行 GBT9833.7《金尖茶》国家标准。

康砖茶亦是传统藏茶骨干产品之一。其为圆角长方体，每块长 16 厘米，宽九厘米，高六厘米，重量 500 克，20 块装一条包。外形砖面平整紧实，撒面明显，色泽棕褐油润；内质香气纯正、陈香明显，汤色红亮，滋味醇厚，叶底棕褐色、带细梗。自 1989 年起，国家质检总局发布执行 GBT9833.4《康砖茶》国家标准。

芽细茶是传统藏茶中的高端产品，又称"芽子"，因撒面条索较紧、嫩芽较多而得名。其用料考究，工艺精细，以细茶和陈年毛茶拼配加工而成。历史上芽细茶有紧压、散装两种类型，仅供藏区寺庙及贵族饮用，其传统包装要贴福金，打黄丹。计划经济期间芽细茶生产时停时续，20 世纪末企业自主恢复生产，并执行相应的企业标准。

散藏茶是传统藏茶的升级产品。其以当年生茶树新梢为原料，运用国家级"非遗"核心制作技艺原理，经杀青、揉捻、渥堆、拼配等工艺制作而成。散藏茶外形芽叶匀整、黑褐油润；内质香气浓、带陈香，滋味醇厚，汤色红浓明亮，叶底芽叶匀整、色棕褐。散藏茶执行2015年中华全国供销合作总社发布的GHT1120《雅安藏茶》行业标准。

在中国藏茶博物馆"藏茶传统技艺工坊"展厅，以雅安藏茶申报"非遗"项目时的制茶工艺为准，择取其中七个主要步骤，将传统工艺名称和现代工艺名称共同展示出来。

"藏茶传统技艺工坊"展厅

（一）杀青：传统手工杀青又称红锅杀青，一般使用直径96厘米左右的平锅或斜锅，以木柴为燃料，锅温260～300℃时，投入15～20千克鲜叶，先焖炒，后抖炒，"看茶制茶"，灵活运用"高温杀青，先高后低，抖焖结合，多焖少抖"的制作方法，直到杀匀杀透。自20世纪70年代起，雅安各国营茶厂先后引进使用瓶式炒干机等机械杀青，兼具杀青、滚炒、干燥等功能，至今各企业仍然普遍使用。其他杀青方式还有日晒杀青、水煮杀青、蒸气杀青等。

（二）蹓茶：即揉捻，其作用是使茶叶细胞破碎，干燥后才能冲泡出颜色和滋味。最早的揉捻是在竹區内用手工"推揉"或"团揉"，极为费力。清初，雅州工匠巧妙搭建蹓板，发明了用蹓板进行人工揉捻的方法。20世纪50年代出现了木结构茶叶揉捻机、铁木结构双动揉捻机，至今多使用CR-50型和CR-265型揉捻机，极大提高了生产效率。

（三）渥堆：又称发酵，其通过湿热作用和生物作用促进茶叶中多酚类化合物非酶性自动氧化，转化内含物质，减除苦涩味，使滋味变醇。渥堆是藏茶制作核心工艺，具有高温、高湿、多次渥堆发酵的特点，是决定藏茶品质的关键。

（四）干燥：传统上，黑茶的干燥采用的是松柴旺火烘焙，不忌烟味。此时需用特制的七星灶，进风口用砖砌成七个孔，烘茶坑分大中小，下以松柴明火烘焙。烘焙时茶叶色泽渐渐变为乌黑油润，有独特的松烟香，这样，黑毛茶的制作才算完成。

（五）配仓：又称拼配、关堆。根据产品等级、品质要求，将不同品质的初制毛茶按标准进行拼配拌和，以调配品质、统一标准。有"茶靠拼配，酒靠勾兑"之说。早期配仓要加入少量糯米粉，增加黏合力，弥补手工春包压力不足的问题。使用春包机后，拼配的要点是分层倒、厚度匀、粗茶摊下层、细茶摊上层，拼堆要四周平整，侧面层次清晰均匀，经检验测量拼堆含水量、含梗量、杂质等指标合格后，再拌和均匀。拌和又叫"拉仓"，要从下往上翻才能拌和均匀。

（六）春包：俗称贴架，即压制。古代"以雅安为制造中心"的川茶运往西北易马，因运输困难，必须压缩体积才方便运输、渥堆，压制应运而生。明朝制茶工匠将散茶蒸热，倒入篾篓筑制"篦茶"。清初又发明"木架"春包。时至今日，康砖、金尖仍沿用春包工艺，不同的是"木架"发展成了各种机械春包机和电气压力机。

（七）编包：先将春包出来的每块茶砖放上"内飞"，用黄纸包好逐一放回腾空的茶篾内，放满茶篾封好篾子口，用锁口篾锁住封口开始捆包。编包要求外观光滑整齐，不松泡，无篾头外露，不露黄纸，更不能露茶，竖立时不弯曲，从四米高的地方抛下不松散、不断篾。雅安的条、云南的饼、安化的卷（千两茶）、湖北的砖（青砖茶），是我国主要黑茶产地的传统外形特征。

博物馆通过展示制茶过程中的老物件，还原了制茶场景。参观者可以近距离地感受到传统的藏茶工坊。

如果将上述程序再做一些整合，按照雅安当地茶人的话语，主要包括"下红锅""和茶"两组工序。其中"下红锅"是指将采收的茶叶，先由茶农在加热的铁锅中进行杀青，做成"毛茶"，为下一步工艺做准备。"和茶"是将炒青后的茶叶，经过人工反复蒸揉、发酵、干燥以促进茶叶发酵和起条状。而茶农初制过的茶叶，则被称为"做庄茶"。

《食品工业科技》杂志2012年刊发大连民族学院生命科学学院姜爱丽等人的文章《雅安藏茶的工艺特点与传承发展》，其中指出，雅安藏茶在原料、制作工艺、内含物质、稳定性和包容性等方面都有别于其他商品茶。雅安藏茶以生长期为六个月以上的成熟茶叶为原料，经复杂的工序加工而成，初制品加工后，须经长时间（一年以上）的陈化才能成为深发酵成品。其间，茶叶内含物质发生多种生物生化反应，充分激活微生物分泌胞外酶，作用于茶叶中内含的儿茶素、多酚、多糖、纤维素、植物色素、蛋白质、脂类、醇类、酮类、维生素、微量元素、有机酸等500多种物质，使之转化、异构、降解、聚合、耦联，合成多糖、茶红素、茶黄素及以菇烯醇类为主体的香气，并富含纤维素、维生素和微量元素等。雅安藏茶通过长期陈化、发酵和特殊工艺制作后，色、味、气十分稳定，便于生产、运输和保存，有着存放数百年不变色、不变质、不变味、不变气的特质。饮用雅安藏茶时可按个人喜好加入牛奶、糖、盐、酥油、水果等进行调味，有着其他成品茶所不具备的包容性。

雅茶集团充分尊重传统工艺程序，同时又利用现代科技创新技术，使茶品质得到了进一步的提升，树立了雅安藏茶的新形象。雅茶集团与四川农业大学合作，在传统发酵的基础上研发了可控的黑茶安全发酵技术，经过多次实验，逐步形成了一套较为成熟的罐式可控动态发酵技术，主要包含了控温、调湿、净化、控水、供调氧、干燥、供气、电控、物料输送等系统，实现了从原料投入到发酵完成全过程的人工干预。

雅安藏茶制作工艺

相比传统的渥堆发酵，雅茶集团的新技术更加清洁、安全、高效，发酵周期由 28 天缩短为七天，效率提高四倍，每罐一次可以发酵三吨绿毛茶，这是藏茶行业生产工艺的历史性突破和技术革新，未来也将是公司"科技创造生产力"的发力点。

如果将视野扩展到管理、产品与品牌营销等领域，就会发现，雅茶集团藏茶厂通过采取"统一生产标准，统一形象标识，统一管理服务"三项举措，实现了

"生产清洁化""管理数字化""产品多样化""营销品牌化"。雅茶集团藏茶厂旨在生产低氟、清洁的优质藏茶，引领雅安藏茶产业高质量发展，成为雅茶产品的重要生产厂区。

历史上，雅安藏茶的制作工艺传承主要依靠茶人间的口传心授，如今则有了制度化的传承保障。

《四川画报》2019年做了一期雅安藏茶专刊，其中有这样两段评价：

"藏茶，是各种制茶中最为耗时、最为复杂的茶类。如今，虽然现代科技正不断被应用到藏茶生产和深加工领域，但古老的手工技艺在今天依然有着无可替代的价值，融合着土地与手掌温度的传统手工藏茶，是茶人们守护心灵的一种方式。

藏茶，也是一门功夫。来自同一株茶树的茶叶，经由制茶师傅们的妙手，可以调制出千变万化的香气。这是属于茶人们的秘密，也是他们安身立命的技艺。经过漫长而复杂的五大工序32道工艺，藏茶完成了从一片叶到一杯茶的转化。陈醇的香气里不仅沉淀了时光的味道，也融入了茶人们的虔诚与初心。当茶技升华为茶艺，古老的藏茶便有了属于自己的'味'与'道'；当茶人练就了茶心，千年藏茶便探索出了自己的发展之路。茶技与茶艺，茶人与茶心，四者互为依托，又彼此成就。"

第6节 爱上雅安藏茶

有一首藏族民歌是这样唱的：

"将茶放在锅里熬，好像空中黑鹫飞。

茶在锅中开三遍，好像大海波涛翻。

金黄酥油放其中，好像黄鸭湖中游。

白盐放入茶水中，好像草原降冰雹。

将茶倒入茶桶里，恰如喇嘛戴黄帽。

头道茶香敬贵客，二道茶香敬朋友。

最后共饮如意茶。"

这是一首吟咏雅安藏茶的民歌。自文成公主入藏起，这一片神奇的树叶就与藏族人民的日常生活紧紧捆绑在一起，历千年而弥坚。进入 21 世纪后，雅安藏茶制作工艺更成为非物质文化遗产的典范。

据联合国教科文组织《保护非物质文化遗产公约》定义，"非物质文化遗产"指被各社区、群体，有时是个人，视为其文化遗产组成部分的各种社会实践、观念表述、表现形式、知识、技能及相关的工具、实物、手工艺品和文化场所。这种非物质文化遗产世代相传，在各社区和群体适应周围环境及与自然和历史的互动中，被不断地再创造，为这些社区和群体提供认同感和持续感，从而增强对文化多样性和人类创造力的尊重。在本公约中，只考虑符合现有的国际人权文件，满足各社区、群体和个人之间相互尊重的需要和顺应可持续发展的非物质文化遗产。

非物质文化遗产包括以下几个方面：口头传统和表现形式，包括作为非物质文化遗产媒介的语言；表演艺术；社会实践、仪式、节庆活动；有关自然界和宇宙的知识和实践；传统手工艺。

雅安藏茶的制作技艺，正是属于非物质文化遗产中的传统手工艺范畴。

在革新雅安藏茶的过程中，雅茶集团始终坚持以世界级非物质文化遗产技艺——黑茶制作技艺（南路边茶制作技艺）为支撑。传统藏茶产业经过近年的创造性继承，已成为中国独特的非物质文化遗产。2008年6月，以雅安藏茶为代表的南路边茶制作技艺经国务院批准，列入第二批国家级非物质文化遗产名录。中国茶叶流通协会发文称："为缅怀与彰显雅安边茶在推动汉藏贸易发展、促进民族团结、维护边疆稳定方面所起到的巨大作用，纪念和传承雅安边茶为中华民族保留的厚重历史内涵和丰富边茶文化，经慎重研究，决定授予雅安市'中国藏茶之乡'称号。"

2011年，文化部公布了我国第一批国家级非物质文化遗产生产性保护示范基地，全国茶界仅有两家入选，其中就包括四川南路边茶产区。雅安藏茶先后被评为"最具资源力品牌""最具发展力品牌""四川十佳农产品区域公用品牌"等，品牌评估价值22.04亿元，位列四川黑茶第一，进入中国黑茶第一方阵。

"南路边茶制作技艺被列入第二批国家级非物质文化遗产名录，和产区被列为国家级非物质文化遗产生产性保护示范基地的殊荣，是四川茶行业的两块金字招牌。一地同时拥有两张名片，国内也极为少见。"四川省茶叶流通协会原秘书长陈书谦说。陈书谦曾任雅安藏茶协会副会长兼秘书长，他回忆说："我国是2005年开始'非遗'普查和申报的，当时大家对'非遗'还很陌生。可能是缘分，我偶然从网上看到第一批国家级'非遗'有'武夷岩茶（大红袍）制作技艺'，顿时萌发了申报雅安茶叶制作技艺的念头。很快机遇来了，2006年9月16日，雅安市文化局举办非物质文化遗产工作培训会，邀请专家来雅安讲授，我立即报名，成为唯一的茶行业学员。"

"非遗"项目怎么报、报什么、谁来报，成为培训期间探讨、交流最多的话题，目标是国家级，但申报需要从市到省，逐级准备。经过认真分析，雅安市确定选择加工历史悠久、优势比较明显的藏茶制作技艺进行申报。陈书谦说，当时面临一个问题，申报名称需要在"雅安藏茶"或"南路边茶"中二选一，"雅安藏茶"和"南路边茶"同宗同源，一脉相承，只是在不同的历史时期使用的名称不同而已。考虑到"南路边茶"自清以来，地方志、文史资料、茶学教材记述较多，"非遗"专家耳熟能详，传承千年以上，谱系清楚明确，为确保成功，遂决定申报"南路边茶制作技艺"。2011年，文化部公布"国家级非物质文化遗产生产性保护示范基地"，雅安藏茶产区名列其中后，雅安市文化局高度重视，抓住契机，谋划产业发展，委托四川农大杜晓教授团队制定《南路边茶（藏茶）国家级非物质文化遗产生产性保护总体规划》，由此开启雅安藏茶在"非遗"名片下的新发展。

伴随着"非遗"的脚步，雅安藏茶的市场占有率正在逐步提高。喝过的人都说好，这种口碑传播的力度，让雅安藏茶摆脱了传统"边茶"的形象与定位。

雅安藏茶

中央民族大学经济学教授罗莉认为，藏茶文化是雅安的世界级文化名片。雅安藏茶依托国家级非物质文化遗产——南路边茶制作技艺的传承、保护与发展，使雅安藏茶在我国群雄集聚的茶产业家族中脱颖而出。她特别看好挖掘养生文化以促进藏茶产业发展，因为雅安藏茶具有神奇的养生保健功效。

"神秘、传奇、养生、感悟，是雅安藏茶之魂。"罗莉说。

北京工商大学林秀花也提到，雅安藏茶有传承藏茶文化的功用。藏文化的核心是藏传佛教文化。佛教与茶叶几乎是在同一个时间被传入藏区的。茶与禅在茶事活动与禅宗仪礼之中、在饮茶与坐禅之间相互交融。茶对于佛教来说，不仅仅是作为主要的养生品，还是佛教人员感悟生命、得道顿悟的法门。茶与佛教这两个独立的东西，正是在禅宗活动中产生了交融，从而使中国文化传统出现了"禅茶一味"这一项崭新的内容。藏茶在藏文化的孕育中获得了新的内涵，成为开启心智、洗涤心灵的圣水。这种独具魅力的文化融入藏茶之中，从而形成了一种别具一格的文化体验。藏茶的发展正是将这种神圣、神秘和神奇的文化体验呈现出来，让更多的人群走进禅的世界，养生、得悟、体道，让藏茶回归藏文化，呈现藏文化。

林秀花认为，推动藏茶产业系统升级，主要是在产业链纵向上，以藏茶为核心，从藏茶加工环节实现产业链的纵向延伸。在加工环节上，通过对藏茶产品的精深加工，增加以藏茶为核心的系列产品，以适应市场对传统产品提出的更新换代的要求，从而满足消费的多样化需求；在产业链横向上，则是以藏茶产业为核心，利用藏茶的概念，带动雅安市外围相关衍生产业的发展，由藏茶向藏文化产品演变，由销售向展示、传播藏文化方向拓展，从而完善藏茶产业体系。

雅安藏茶作为中国独有的茶叶品种，是所有茶类中最具有保健功能的珍品，能够满足世界各地人民对于健康的诉求，同时藏茶具有极大的包容性，能够满足国内外人民的多种调饮方式。更重要的是，藏茶长时间受到藏文化的浸润，拥有浓厚的藏文化内涵。众所周知，藏文化一直以来受到国际追捧，已成为一种国际性的符号。而藏茶蕴含着藏文化这一国际元素，能够成为一种藏文化传播的物质载体，使人们在消费藏茶的时候也了解藏文化。所以，雅安藏茶产业的发展，还可考虑利用其天然的国际性元素，实行以外销促进内销的策略，率先在国际市场上进行开发和文化渗透，进而通过出口带动国内发展。

在林秀花看来，政府应为藏茶产业可持续发展提供保障措施，在现有的政策基础上，为雅安藏茶产业的发展提供更多的政策方面的支持。例如，共同打造藏茶文化全球营销推广平台；选择合适的藏茶生产企业进行合作；共同推进藏茶地方标准和国家标准的建设；共同构建雅安茶文化助学发展基金，扶持和传承藏茶文化；共同打造雅安藏茶生产基地和园区建设等。而藏茶产业的发展，归根结底要依靠藏茶企业的力量。因此，首先应该形成具有强大对外竞争力的龙头企业，来拉动藏茶产业的发展。

而这正是雅安市委、市政府与雅茶集团目前在做的事情。千年"非遗"，世界瞩目。近年来，雅安市紧紧抓住藏茶被四川省委、省政府纳入精制川茶"一主三辅"产业发展布局的机遇，始终把雅安藏茶作为雅茶产业供给侧结构性改革的着力点、突破点，强化基地支撑，确保原料品质；强化龙头支撑，增强综合实力；强化市场支撑，提升品牌形象；强化文化支撑，延续千年文脉；强化科技支撑，提高创新能力；强化富民支撑，实现产业增效。目前，雅安藏茶进入了高质量发展阶段，其品牌知名度和影响力越来越大。

时至今日，雅安藏茶已从"粗枝大叶"华丽转身为"金枝玉叶"，从销售单一的"边销茶""小众茶"脱胎换骨、凤凰涅槃成"内销茶""热销茶"，以其唯一性、神秘性、功能性和典藏性，摇身一变，成为中国黑茶的"翘楚"和"新贵"，香飘神州大地，远销三十多个国家和地区，成为世界共享的健康饮品。

新时代，新征程，新跨越。雅茶集团勇扛川茶振兴大旗，争当精制川茶尖兵，主动担当四川省委赋予雅安"建设川藏经济协作试验区"的重大历史使命，主动融入国家"一带一路"建设，擦亮"雅安藏茶"金字招牌，让历久弥新的雅安藏茶焕发勃勃生机。

当前，雅安市正认真贯彻习近平总书记关于"三茶"统筹发展的重要指示精神，以弘扬藏茶文化为引领，以做强藏茶产业为目标，以提升藏茶科技为支撑，坚持实施"举办一个藏茶文化旅游节、组建一个中国藏茶联盟、成立一个四川省藏茶产业工程技术研究中心、打造一个中国藏茶城、培育一个藏茶现代农业园区、建设一个雅安藏茶产业园、新建一个藏茶博物馆、实施一个《健康中国战略下雅安藏茶的医药价值挖掘和全过程质控体系构建》科研攻关项目"的"八个一工程"，强力推动雅安藏茶产业的绿色发展和转型升级，全力以赴把雅安打造成全国优质、健康的黑茶重点产区，将雅安藏茶培育成"川茶名片、中国名牌、世界名品"。

"我2007年读大学时，去超市买茶，还以为藏茶是西藏生产的。"雅茶集团茶业公司董事长马兴旺是土生土长的四川人，十几年前还对雅安藏茶一无所知。而今他加入了雅茶集团，开始参与蒙顶山绿茶与雅安藏茶的市场开拓工作。他欣喜地看到，所有的努力都没有白费，藏茶正成为中国新生一代酷爱的饮品。他相信随着时间的推移，会有越来越多的人爱上雅安藏茶。

沈嘉就是爱上藏茶者中的一个。他在《我爱喝黑茶》一书中讲述了自己的心路历程：起初接触黑茶，只感觉到黑茶就是一块块乌黑的坨坨茶，不知道好喝不好喝。然而，真正学会去认真品尝黑茶，是因为结识了一位也是从不懂黑茶，到用心地去钻研黑茶和冲泡黑茶的茶友。他认真地泡着黑茶，煮水沸开、烫杯、洗茶等一系列动作，是那样的连贯。经过两道开水洗后的黑茶，茶汤是那样的清澈。注入洁白小茶杯后的黑茶茶汤，在灯光映衬下，比以往显得更加艳丽。这种感觉是前所未有的，在这一瞬间，我感觉到一种对黑茶莫名的喜欢之情涌上心头。

"端起他递给我的那杯黑茶，有种黑色的深魅在吸引着我。还是像以往一样，我认真地闻了一下茶香。然而，今天的茶香是那样的独特，深沉而古老的沉香，在鼻尖缥缈着。闭上眼睛，将这种前所未闻的黑茶之香细细品味。我将这一袭香，深深地吸入心灵的最深处。细细地品上一口，滑滑的、柔柔的、香香的……就这样在这一刻，我爱上了黑茶。我喝了一杯，又一杯……直到黑茶的色、香、味已经全然释放，让我体会到黑茶的独特和奥妙，还有黑茶中蕴含着的让人久久回味的独有滋味。"沈嘉说。

相信你也会爱上雅安藏茶，黑茶的鼻祖。

逐梦蓝图惟笃行，奋进超越正当时。在实现"茶业强市"的壮阔征程中，雅安藏茶一路逐梦、高歌向前，一直在路上。

第5章

茶祖故里开新篇

第 1 节　专注一片叶子

2023 年 10 月，美国苹果公司（简称苹果）CEO 库克来到了蒙顶山。他品尝了名满天下的雅茶，参观了当地的茶园，并宣布新增 2500 万元人民币捐款进一步支持中国乡村社区发展。在此之前，苹果援助项目"善品公社"已为当地茶农茶商做了 iPad 管理茶田的培训，这些工作不仅有助于产量和品质的提升，还通过电商平台，帮他们连接了城市的消费者。

库克选择将雅茶茶园作为公益对象，并非偶然。一直以来，苹果都希望通过科技和人文相结合来造福更多的人类，在中国广袤的农村，雅茶正是一个代表，它有着千年的人文底蕴，其无与伦比的品质也预示着未来会有更大的市场开拓空间。

作为贡茶时间最早、历时最长的"中国名茶"，雅茶曾是唐、宋、元、明、清"五朝贡茶"，1000 多年间，岁岁为贡。唐代刘贞亮曾总结过"茶之十德"，除"以茶尝滋味""以茶养身体""以茶散郁气""以茶驱睡气""以茶养生气""以茶除病气"之六德外，还有强调精神性的四德："以茶利礼仁""以茶表敬意""以茶可雅心""以茶可行道"。结合蒙顶山的雅茶是唐朝第一贡茶的历史，可知这"茶之十德"正是从雅茶演绎而来的，是雅茶文化的真实写照。

在库克品尝雅茶一个月后，适值雅茶集团成立一周年，雅茶集团为此举办了周年庆暨雅茶发展研讨大会。第二十届中央候补委员、中国工程院院士刘仲华通过视频致辞称：龙头企业是茶叶经济的压舱石，是茶产业高质量发展的主力军。

雅安市委、市政府历来高度重视茶产业发展，集全市人力、物力、财力组建了雅茶集团。一年来，在雅安市委、市政府的坚强领导下，在社会各界的关心关怀下，在全体雅茶人的共同努力下，雅茶集团主动扛起"做响雅茶品牌，振兴雅茶产业"的大旗，在基地建设、标准完善、产品研发、品牌宣传、市场开拓等方面取得了丰硕成果，开好了局，起好了步，赢得了广泛的关注和好评。

雅茶集团周年庆暨雅茶发展研讨大会

刘仲华的评价颇为中肯。雅安市国资委书记吴宏随后介绍，在习近平总书记对茶文化、茶产业、茶科技统筹发展作出重要指示后，我们牢记嘱托，以省委赋予雅安建设川藏经济协作试验区和世界大熊猫文化旅游重要目的地的"一区一地"重大历史使命为契机，将茶产业作为绿色发展的重要抓手，整合全市茶产业资源，过去一年推动雅茶集团实现从无到有突破、从 0 到 1 蜕变，推动雅茶跨海峡、越山海、出国门，"销售网"不断扩大，"朋友圈"不断拓展，"品质感"不断提升，进一步推动了雅安从茶叶资源大市向茶产业强市发展。

吴宏所述，正是雅安市委书记夏凤俭在如何发展雅茶这一问题上的具体思路。

雅茶集团董事长古劲知晓这一年来发展的不易。他在发言时援引了流传很久的一句话——"一座蒙顶山，半部中国茶史"，认为这能充分说明雅茶在国内拥有举足轻重的作用，在业界可以说久负盛名，成绩斐然。20世纪70年代，普洱熟普和安化黑茶都曾慕名到雅安学习配料、加工和发酵技艺。

但话锋一转，他又提到雅茶产业令人扼腕叹息的历史。有一组数据很能说明问题。2022年，雅安茶叶产量为11.48万吨（在地级市排名居第三），综合产值约为230亿元，其中鲜叶收入达38.64亿元，干毛茶收入达74.24亿元。还有一组数据来源于互联网分析，作为包装商品的茶叶中，以"四川雅安"作为产地标签的仅有不到30亿元销售额，那么雅茶到底去了哪里？他解释说，从数据来看，雅茶其实都被别的企业和品牌买去了。

"我们常引以为傲地说，雅安是全国唯一六大茶类都能生产的产茶市，但换句话来说，雅安变成了全国名茶的'克隆中心'。这值得我们雅安茶人深思！"雅茶集团对"蒙顶甘露""雅安藏茶"的互联网搜索趋势进行了分析，当时的结果显示，信阳毛尖的搜索趋势约是蒙顶甘露的70倍，安化黑茶的搜索趋势约是雅安藏茶的35倍。结论显而易见："茶香也怕巷子深"，雅茶缺乏销量和品牌。

正是基于这种现状，雅安市委、市政府高度重视雅茶产业发展，于2022年11月4日正式揭牌成立雅茶集团，通过做标准、做品牌、做市场，"做响雅茶品牌，振兴雅茶产业"。雅茶集团使命就是为雅安"源头产地"发声、为雅茶正名。

雅茶集团秉持"心无旁骛，专注一片叶子"的初心，旨在做老百姓喝得起的好茶。参加研讨会的专家表示，很难想象雅茶集团可以在一年的时间内取得如此大的成绩。

一年来，雅茶集团从茶叶源头下功夫，在蒙顶山核心区、拢阳片区等海拔1000米以上的区域，自建了1.67平方千米的高山有机茶园。雅茶集团作为国企也致力于带动农民增收致富，集团与农户签订采收协议，农户按照《雅茶茶园管护标准》进行茶园管护，已签订 33.3 平方千米的茶园订单。

一年来，雅茶集团建成了"一绿一黑"茶厂，藏茶厂是目前国内自动化、清洁化程度最高的生产线之一。

一年来，雅茶集团在食品安全和标准上下足了功夫，完善了各项绿色食品认证、信用等级证书、质量管理体系认证。

一年来，雅茶集团持续增加研发和创新力度，聘请了刘仲华院士为首席专家的雅茶专家顾问团队，邀请蒙山茶传统制作技艺"非遗"传承人魏志文先生、四川省制茶大师王荣平先生助阵产品监制。

一年来，雅茶集团聚焦"一黑一绿一黄"三大品类共计研发 70 款产品，锁定大雅、臻雅、318 定制等九款主推产品进行重点打磨。

一年来，雅茶集团不断挑战优化产品质量，全年共参与 16 次茶行业专业评比评选，斩获第八届中国黄茶斗茶大赛金奖、第八届亚太茶茗大赛银奖、第十五届"天府茗茶"金奖等十余项重要殊荣。

雅茶集团获得的殊荣

一年来，雅茶集团完成成都、北京、深圳、上海、拉萨五大分公司建设，雅茶走进香港、川渝、北京、深圳、陕西、西藏、新疆等 13 个省市、地区，签约 203 家经销商、销售专柜、网点。

中国茶叶流通协会副会长姚静波目睹了雅茶集团一年来的发展，感慨良多。他说，雅安始终把雅茶产业作为特色优势产业、乡村振兴重点产业来抓牢抓实，因茶兴业，因茶富民，茶叶产量和产值、良种化率、机械化率位居全国前列，高度与习近平总书记关于"三茶"统筹发展的重要指示精神相呼应，与全面推进乡村振兴的时代背景相契合。雅茶集团成立一年以来，在雅安市委、市政府的坚强领导下，在社会各界的全力支持下，紧紧围绕"做响雅茶品牌，振兴雅茶产业"的光荣使命，围绕打造"雅茶"企业品牌，集中打造以蒙顶甘露为代表的绿茶、以雅安藏茶为代表的黑茶产品品牌，蒙顶甘露、雅安藏茶等享誉海内外，知名度、美誉度大幅提升，形成了一定的影响力。这一年，是雅茶集团彰显国企担当、展现国企作为的一年，是牢记使命、拼搏实干的一年，更是奋勇争先、收获满满的一年，为推动雅茶集团做大做强、雅茶产业提质增效，奠定了坚实的基础。

第2节　做老百姓喝得起的好茶

2023 年 11 月 22 日，中国文学艺术界联合会副主席、中国戏剧家协会主席、演员濮存昕从紧张筹备的大凉山国际戏剧节中抽身，赶到了中国藏茶博物馆正式开馆的活动现场。他在发言中回顾了 2023 年 3 月他来雅安第一次登上蒙顶山时的情景，当时放眼望去，不仅赞叹雅茶集团有如此壮观的种植面积，也让他情不自禁地系上茶篓与茶农一起采茶。"一时忘我，细细一想，这不就是心无旁骛、心念一叶、天人合一、与自然同在吗？"

那次采茶之后，濮存昕还来到制茶车间，与制茶大师一道体验了三炒、三揉、三焙。他说，那次经历，让他从一个喝茶人变成了一个采茶人和制茶人，让他日后喝茶冲煮泡的时候，因为雅安之行，更有了一份对茶的尊重。

濮存昕说，雅茶集团在短时间内有了"惊人的发展速度和高度"，"让中国人和世界朋友喝上最好的茶，雅安人有志向、有能力、有底气。"他对雅茶集团主题语"大国之饮，大雅之茶"印象深刻，他说，这一句话彰显的是雅茶人创业发展的格局。他谈到了雅茶的历史，也讲到雅茶现今取得的荣誉，在他看来，雅茶人要做的是中国最好的茶。为此，他还为雅茶想了一句标语"品茗千百种，不忘雅茶香"。

四川出好茶，雅茶独芬芳。如中国茶叶流通协会副会长姚静波所言：是优美的生态本底，独特的宜茶气候，深厚的文化底蕴，高超的制茶技艺，共同造就了"大国之饮，大雅之茶"。

在茶叶制作工艺上，雅茶集团勇于创新，面对扑面而来的 2024 年，又推出了 12 款新品。

第一款叫"雅茶十二时辰"，设计灵感源于一片茶叶从茶园进入茶杯，要经历十二时辰的千锤百炼，体现了雅茶人披星戴月、风雨兼程的艰苦创业精神，代表着雅茶的初心和坚守。这是一款具有中国特色的艺术的茶礼，是中国华西集团的龙年定制产品。

雅茶十二时辰

第二款叫"榜样"，是雅茶集团与凤凰卫视联名推出的收藏级茶礼，限量发售。其内含雅安藏茶和白牡丹茶各一饼，白牡丹茶饼是雅茶自主研发的首款白茶产品，它的诞生标志着雅茶产品矩阵已涵盖了茶叶的全品类。

第三款叫"三星伴月"，该产品将藏茶文化与蜀地文化有机结合，一个是流芳百世的和蕃礼品，一个是致敬经典的蜀地图腾，两者相得益彰。

第四款叫"雅安有礼"，是雅茶集团推出的"新三雅"礼盒，融入了雅茶、大熊猫和汉白玉三种元素。希望未来它能作为城市名片，让更多朋友了解雅安，到访雅安，爱上雅安。

第五款叫"炽茶"，是雅茶集团联手荥经黑砂"非遗"传承人叶长青大师共同推出的雅茶雅器礼盒，旨在传承与创新雅安双"非遗"文化。

第六款叫"雅茶318"，是雅茶集团自主开发的旅游伴手礼，产品设计获得了2023"彩虹杯"天府·宝岛工业设计大赛创新设计的唯一"金奖"，是雅茶产品中的现象级爆款！

第七款叫"尚雅藏茶"，共有桂花藏茶、浓香藏茶、原味藏茶三种口味，多元化的口感更有利于年轻化市场的竞争。

第八款叫"小金条"，该产品以"藏"字作为视觉中心，蕴含"川藏（zàng）"与"藏（cáng）品"两重含义，是对藏族文化的延伸与创新。

第九款叫"Pad平板茶"，其轻薄、新潮的跨界科技感包装设计，突破了传统藏茶的使用局限性，通过科技赋能，连接年轻群体。

第十款叫"相框藏茶"。雅茶集团一直致力于用打造艺术品的眼界来打造雅安藏茶，相框藏茶则是其代表作之一，该新品在原有基础上做了包装升级，让其更具地域性、民族性、时代性和创新性。

相框藏茶

第十一款叫"文成飘雪"，是雅茶集团自主研发的一个新品，其以文成公主进藏的故事为启发，产品 IP 具象动漫化，更符合年轻群体的审美。它是一款和平之茶，保盛世安康之茶，民族团结之茶。

最后一款叫"尚雅甘露、国雅甘露"。甘露作为名茶先驱，是雅茶久负盛名的代表茶，代表着品牌的形象和高度，该产品外观设计更多地诠释了雅茶文化，展现了雅茶走向世界的决心！

在雅安市委、市政府的规划中，接下来将以雅茶集团成立一周年为全新起点，继续做好雅茶发展大文章，大力实施科技兴茶、龙头兴茶、市场兴茶、品牌兴茶、文化兴茶"五大兴茶行动"，把"茶之道"变成产业发展的"希望之道"，变成群众致富的"幸福之道"，继续努力续写"给世界一杯好茶"的精彩，让世界认识雅茶，让雅茶走向世界、飘香万里！

没有什么比制作出让老百姓喝得起的优质雅茶，更让雅茶人感到自豪的事情了。

第3节 探索中国茶的无限可能

茅盾文学奖作品《茶人三部曲》中有这样一个故事：杭寄草小的时候，常听寄客伯伯说四川的茶多么了不起。父亲活着的时候，还老让她背《茶经》——茶者，南方之嘉木也。一尺、二尺，乃至数十尺，其巴山峡川，有两人合抱者……她那时就想，说不定哪一天，就能去这天府之国看一看那两人合抱的大茶树。后来等长大了，她认为川茶比杭州家乡的龙井可差远了。杭寄草的这个说法，遭到了侄子杭汉的反驳，他说："小姑妈，你这么说四川的茶，四川人听了可就委屈死了。不要说茶的历史数川中最悠久，小时候你还常教我们什么'烹茶尽具，武阳买茶'的，就是今天，还有许多名茶的产区啊。我数了数，光是陆羽《茶经》中提到的川中名茶产区就有八个：彭州、绵州、蜀州、邛州、眉州、雅州、汉州和泸州，都是古代剑南道的有名产茶区。至于说到名茶，你没喝到，可不能说这里就没有啊。比如蒙山蒙顶茶，峨眉白芽茶，灌县的青城茶和沙坪茶，荥经观音茶和太湖寺茶，还有邛州茶，乐山凌云山茶、昌明茶、兽目茶和神泉茶……"

杭汉细数四川名茶，"蒙山蒙顶茶"也就是蒙山茶毫无悬念排在第一位。《茶人三部曲》的作者王旭烽就职于中国茶叶博物馆，对蒙山茶的品质和历史地位了如指掌。

在该书的另外两处章节，也有关于蒙山茶的讨论。其中一处，杭嘉和说："比如西汉吴理真，在蒙顶山顶上种茶，'仙茶七棵，不生不灭，服之四两，即地成仙'。现在是说不得的，说了就是四旧，封建迷信。不过总有一天人家会晓得，会感谢这个吴理真。为什么？因为他就是史书上记下来的第一个种茶人。没有他们这些种茶的，我们能够喝到今天的茶吗？多少简单的道理，只不过现在不能说罢了。"另一处，黄娜对杭嘉平说："亲爱的，我们本来不用那么着急。我们还应该有时间到蒙山去看一看。不是说'扬子江心水，蒙山顶上茶'吗？瞧，连我这一点不懂茶的人也知道了许多。比如那个汉代的吴理真，那个甘露禅师，他的遗迹不也是在蒙山顶上吗？为什么人们认为他是中国历史上第一个种茶人呢？就因为他种了七株仙茶吗？听说这七株仙茶旁还有白虎守着，这些神话真有意思。"

吴理真和蒙顶山上的雅茶，是中国茶叶史上绕不过去的丰碑。另一茅盾文学奖得主——中国作家协会副主席阿来，则在雅安活动现场谈到了他眼中的茶及他眼中的雅茶。他说，一片小小的茶叶不光是产品，还是产业，还跟着更广大的国计民生，尤其是茶农致富奔康的保障。而雅茶应该打破地域限制，以后再谈雅茶要想起雅安，但又不能仅想到雅安。

阿来回顾了自己在茶马古道上看到的现象。他说，在茶马古道上，其他山上都是玛尼堆，但背夫茶商走过的山，每过一次山，这些往藏区运茶的人，都要把各色雅茶献给山神。茶叶堆的数量和规模，让他震撼。在那里，他看到的是茶叶从一种物质形态，上升为一种情感和精神。他说，他想到的是，茶品牌的打造，可能更多需要的是超越所谓口感，将境界上升到与情感和精神契合的高度。

第二十届中央候补委员、中国工程院院士刘仲华也喜欢援引"扬子江心水，蒙山顶上茶"，他说，雅安茶叶品种丰富、品类多样、品质优异，历经2000多年的传承和转型升级，雅茶产业融合了生态、文化、科技、旅游、康养等多种元素，已成为贯彻习近平总书记关于"三茶"统筹发展的重要指示精神，促进三产融合，助力乡村振兴的支柱产业，在四川乃至中国茶产业中的地位举足轻重。当前，中国茶产业步入了新时代、新征程，各茶区都在"八仙过海，各显神通"。在今后的发展中，希望雅茶集团能继往开来，乘风破浪，继续围绕"做标准、做品牌、做市场"，在产业提质增效、品牌塑造推广、营销体系创新上下足"绣花"

功夫，做深茶文化、做大茶产业、做强茶科技，全力擦亮蒙山茶、雅安藏茶"金字招牌"，努力成为川茶、雅茶复兴路上的排头兵，将雅茶集团打造成新时代中国茶产业的标杆企业。

雅茶集团周年庆暨雅茶发展研讨大会的主题是"在一起，赢未来"。中新网评价说，对外，这是一场雅茶产业的推介盛会，以庆祝雅茶集团成立一周年为契机，院士专家、商协会、来自全国乃至世界各地的茶叶经销商、采购商、"茶道中人"等闻茶寻道，在雅安因"雅茶"相聚，触摸雅茶产业发展的脉搏，感知雅安发展的勃勃生机与活力；对内，这是一场凝聚共识，"做响雅茶品牌，振兴雅茶产业"的研讨会，院士专家、行业翘楚等齐聚一堂，为雅茶产业发展"把脉号诊"、建言献策，凝心聚力推动雅茶集团和雅茶产业向着更广阔的市场、更美好的前景扬帆远航。

在为期两天的大会中，雅茶集团精心策划，通过一系列精彩纷呈的活动，让与会嘉宾实地感受了"雅茶"的独特魅力。在签约仪式环节，雅茶集团与乌兹别克斯坦亚欧国际投资贸易集团、四川蜀茶实业集团有限公司、澳赞餐饮管理四川有限责任公司、深圳市国仁永续科技有限公司等集中签约了九个项目，合同总金额 2.02 亿元。

雅茶集团经销商签约

"雅茶集团此次发布的新品与市场高度契合，凭借其优良的雅茶品质与具有艺术感的包装，我们相信一定能大卖特卖。"看到一件件推出的新品，雅茶集团的经销商们信心满怀。

　　雅茶集团展现了美好的远景，企业将从整合上游茶资源、打造优质茶品牌、传播中国茶文化、提升消费者体验、振兴茶产业繁荣五个方面推动雅茶品牌发展，让雅茶更好地融入生活，探索中国茶的无限可能。

第4节 龙头企业是压舱石

从川渝到京津冀，从长三角到大湾区，一年来，雅茶集团以"做标准、做品牌、做市场"为抓手，通过稳茶源、提质量、创品牌、活营销、聚合力等举措，在全国构建了"5+N"销售网络格局，即以成都、北京、深圳、上海、拉萨五家分公司为载体辐射西南、大湾区、京津冀、青藏、长三角等重点区域，"南下、北上、东进、西拓"的销售网络正全面铺开。2023年8月，雅茶集团与香港NTI集团签订战略合作协议，雅茶集团系列产品相继在NTI观塘店、湾仔店上线。一个月后，雅茶集团北方大区总经理周佩颖代表雅茶集团与北京老舍茶馆举行"国茶汇"项目合作签约仪式，千年贡茶重归北京，此后江苏、湖北、江西、山东、陕西、浙江在内的老舍茶馆连锁店将作为经销点采购雅茶，为雅茶走出四川、走向全国、走向世界增添了强劲动力。

值得一提的花絮是，2023年11月22日，蒙古人民党总书记阿玛尔巴伊斯格楞率领代表团，在中共中央对外联络部相关领导陪同下前往老舍茶馆观看演出，获赠雅茶品牌大雅系列的相框藏茶。阿玛尔巴伊斯格楞很喜欢这款藏茶——低调沉稳的胡桃色实木框体材料，透过全透明的亚克力面板呈现出古典风格的藏茶内包装和绢底墨浸的题诗，全新的翻盖外盒，让这份茶礼更具品质感和价值感，极大地展现了雅茶独特的东方韵味，让其更具地域性、民族性、时代性和创新性。

截至 2023 年年底，雅茶集团已累计签订经销商 59 家，增设 144 个销售专柜、网点，覆盖香港、川渝、新疆、北京、西藏、陕西等 13 个省市、地区，对五个经营主体 24 款产品进行品牌使用授权。

雅安市副市长龚兵在 2023 年 12 月 8 日还带队前往京东集团总部开展招商活动，就雅茶供应链建设、仓储物流、营销体系、金融服务、茶饮料版块等方面的内容与京东集团进行深入交流，双方达成了合作共识。

雅安市副市长龚兵带队前往京东总部开展招商活动

2024 年，雅茶集团还将有"炽茶"新式茶饮推出，这是雅茶集团重新创建新品牌进行培育和打造的重要探索，它意味着对茶叶消费场景的一次拓宽。

炽茶

2022 年，新式茶饮行业市场规模超过 2900 亿元，全国约有门店 45 万家，年消耗茶叶超过 20 万吨。年轻人喜欢新式茶饮，雅茶集团不想错过这一块巨大的市场。新式茶饮市场尚未出现有代表性的国际茶饮品牌，而这也正是新式茶饮品牌的机会。但如何切分这一块蛋糕，却需要兼具市场洞察与产品创新能力。

在雅茶集团的战略部署中，原叶茶和新式茶饮将并线发展、同步推动。原叶茶以"雅茶"为主品牌，新式茶饮则是重新创建新品牌进行培育和打造。原叶店靠经销商的资源人脉变现，需要一个能符合商务礼品属性的聚焦视觉体验空间，即拉高形象、提升品牌溢价的空间。而新式茶饮店是凭借以原叶茶的底蕴与其他元素的搭配，改良茶的风味，定位也趋于年轻化，成为年轻消费者热衷的休闲、社交消费品，所以新式茶饮店不宜再使用"雅茶"这个品牌，否则容易造成客群定位混乱和客群识别不精准。经过对产品规划、设计及客群定位等方面的调研分析，通过大量的筛选和专业机构的分析测评，最终雅茶集团决定采用"炽茶"作为新式茶饮的品牌名称。

在"炽茶"产品的概念成型后，雅茶集团茶业公司董事长马兴旺兴奋得几乎一夜没有睡觉。他认为，以消费者需求为导向，新式茶饮对茶原料的发展推动初现飞轮效应。雅茶集团作为国有龙头企业，进入新式茶饮品牌中群雄竞逐，创新推动中国茶文化走向世界，符合"中国茶，新高度""大国之饮，大雅之茶"的定位。

在马兴旺的设想中，除了"炽茶"茶饮，还可推出茶叶周边产品，包括但不限于有调性的茶器、服装及文创、潮玩等周边产品，例如"炽茶"风云的扇子，"炽"字的文化衫、手提袋等，这样可以抓住年轻人消费客群。除此之外，还可考虑文化联动及品牌输出，打造现象级 IP，如可与四川三星堆的古蜀文明与文创产业碰撞融合。三星堆的文物大多为烧制器皿，与"炽"字本身有极大关联，同时三星堆本就是中华文明多元一体的重要组成部分。另外，三星堆新馆即将开业，可与三星堆"网红"文化 IP 共同联动，借势发力，助推"炽茶"品牌一经面世，即崭露头角。还可与潮流文化联动，打造"炽"潮文化，如结合年轻人热衷的音乐节，输出"炽茶"文化，打造潮流音乐节。通过音乐节的高净值用户，引爆"炽茶"品牌，从而进行用户转换及品牌认知度提升。

除此之外，雅茶集团还将进军茶饮料板块，加入无糖茶赛道。雅茶集团正积极与饮料行业头部企业进行股权合作，共同研发茶饮料产品，如采用 OEM、ODM（Original Design Manufacturer，原始设计制造商）或投资建立无菌灌装生产线等模式，以茶饮料为品牌主线，研制开发 3～5 个子系列，并同步考虑开展代加工业务，以求在同质化困境中破局。雅茶集团还通过打造线上线下全消费场景，利用数字化、智能化提质增效，并塑造和传递文化品牌，向高端茶饮发展。

龙头企业是茶叶经济的压舱石，是茶产业高质量发展的主力军。雅茶集团正聚焦主业，整合重组内部资源，集中资源优势，力争到 2025 年发展成国家级农业产业化龙头企业。

第 5 节　扛起"中国茶文化复兴与传承"的大旗

　　雅茶集团成立一周年被视为全新起点。经过此前一年的探索，雅茶集团对雅茶的发展有了更清晰的认知，开始进行全产业链布局，除了上述的"炽茶"新式茶饮探索茶叶消费场景应用和茶饮料板块，还有以下三个值得关注的亮点。

　　一是四川雅茶集团茶业有限公司负责"雅茶"等品牌打造，树品牌形象和锚点；二是四川雅茶贸易有限公司主打"源头产地"标签，专注电商供应链平台；三是蒙顶山茶交所作为国家级大宗茶叶交易平台，将于 2024 年正式复牌交易业务。

　　在品牌打造上，这一年间，雅茶集团深入挖掘雅安"茶文化发源地、茶文明发祥地""蒙顶山——世界茶文化圣山"等茶文化资源，讲好雅茶品牌故事，以历史串联雅茶的文化传承，完成雅茶品牌内涵开发，有效增强了品牌软实力。

　　与此同时，雅茶集团按照雅茶"大国之饮，大雅之茶"的品牌定位，持续输出雅茶品牌文案，沉淀品牌资产，以国雅、大雅、尚雅系列构建雅茶主品牌，绿茶主打蒙顶甘露，黑茶主打年份藏茶，并推出"炽小茶"原叶茶饮品牌。

"炽小茶"原叶茶饮品牌

雅茶集团在品牌打造上的努力，与20世纪80年代出现的"品牌资产"理念深度契合。这种理念认为，品牌不仅是巨大的无形资产，还能推动企业的战略制定，每一个试图推动企业战略发展的企业家都应明白，让消费者内心与产品品牌产生共鸣是一切商业活动的中心，其他所有的管理活动莫不围绕于此。品牌即资产，而且是最核心的资产。

雅茶集团有一种使命感，不仅想要"打造世界级中国茶品牌"，还要扛起"中国茶文化复兴与传承"的大旗。按照划，2024年将形成雅茶品牌联盟，联盟成员达50家以上，并通过各区域联动，共同推动雅茶标准提档升级。在此基础上，进一步拓展雅茶市场，大力突破新消费市场，力争在2024年做到跨界融合商业模式初具雏形，使雅茶品牌价值达到三亿元。

2025年，雅茶集团的预期目标则是：完成藏茶国标申报工作；固化雅茶品牌矩阵在全国市场的影响力，使雅茶集团成为四川省茶产业领军企业、国家级农业产业化龙头企业；使茶产业综合收入达到八亿元，使雅茶品牌价值达到五亿元，推动雅茶产业成为引领雅安市乡村振兴的支柱产业。

用更通俗的话表达，就是要将雅茶打造成中国茶的顶级品牌。德国品牌大师沃尔夫冈·谢弗说过："顶级品牌建立在优秀的想法之上，甚至有时建立在品牌远景之上，它们就是在这样的推动下砥砺前行，不断创造神话。正因为有了敢想敢做的精神、果敢坚毅的决断和心系生态的责任，才能培育出前所未有的团队精神和无坚不摧的意志，并青出于蓝而胜于蓝。"在"敢想敢做的精神、果敢坚毅的决断和心系生态的责任"的推动下，雅茶集团正在创造一个有关雅茶的神话。

对于第二个亮点（主打"源头产地"标签，专注电商供应链平台），雅茶集团在成立一个多月后，就完成了线上京东、天猫、淘宝等传统电商，抖音、小红书等新媒体电商的直营店铺建设。为了顺应直播带货的风潮，雅茶集团也开设了雅茶微信小程序、公众号官方账号，组建了官方直播间，推进了基地直播、仓播，并吸纳达人加盟，进行雅茶直播带货。通过一年来的试水与深耕，雅茶集团在电商平台上取得了不菲的成绩。

2024 年，雅茶集团计划与厦门美锐文创产业有限公司合资成立一家以电商选品为主业的公司，充分借助其在项目策划、商业内容开发、市场化运营、管理及招商等方面具备的丰富资源、渠道和能力，打开电商销售渠道。

在雅茶集团，线上线下受到同等的重视。一方面，古劲以川渝、西藏为核心区，大湾区、长三角、北京为拓展区，分片建立四大销售战区，完成线下营销体系框架构建，并以四大销售战区为载体，大力发展加盟门店，完成市级经销商招商工作。另一方面，他又深知互联网时代电商无远弗届的力量，人类与工具是共同演化的，人类创造了互联网，但互联网也在改变我们。凭借着对新技术的敏感、好奇与热情，他相信终有一天，雅茶将借由互联网抵达世界的每一个角落。

蒙顶山茶交所作为国家级大宗茶叶交易平台，将于 2024 年正式复牌交易业务。蒙顶山茶交所注册在雅安市名山区，是四川省在国务院证监会牵头的部际联席会议备案的 12 家交易场所之一，是全国唯一的茶叶类商品交易所。

蒙顶山茶交所

蒙顶山茶交所曾在 2015—2017 年上线交易产品，2018 年进行了整改。蒙顶山茶交所的大股东原为雅投集团，2022 年 8 月 19 日经四川地方金融监督管理局审批，雅茶集团受让了由雅投集团所持有的 25.91% 股权。至此雅茶集团正式入股蒙顶山茶交所，重组了新董事会。

雅茶集团拟在蒙顶山茶交所推出"榷场云商·实货仓单挂牌"业务，已为此向雅安市金融工作局提出请示。这项业务是指生产企业将入库仓单通过蒙顶山茶交所的交易平台挂牌销售，买方交易商可以通过交易平台摘牌、提货的业务过程。一旦这项业务获得通过，就意味着可以在蒙顶山茶交所交易平台上将茶叶产品进行挂牌交易，借此能逐步引导茶农规范种植管理、生产企业规范生产管理、交收仓库规范仓储管理，通过交易数据深度挖掘，逐步实现茶叶种植、加工、仓储的数字化和智能化。

无论如何，蒙顶山茶交所复牌都是一件行业内的大事，它会促进乡村经济发展，提升雅安茶叶的市场地位。

雅茶集团周年庆暨雅茶发展研讨大会结束后不久，在 2023 年 11 月 29 日于成都召开的"2023 中外知名企业四川行雅安投资推介会"上，雅茶集团作为省级龙头企业、市属国有重点茶企，受到了特殊的关注。一年多来，雅茶集团一直以"做响雅茶品牌，振兴雅茶产业"为使命，通过"做标准、做品牌、做市场"勇扛川茶振兴大旗，争当精制川茶排头兵，其在推介会期间获得诸多赞誉，当属实至名归。雅安市委书记夏凤俭在推介会上向与会嘉宾介绍："雅安是大熊猫故乡、世界茶文明发祥地和千年川藏茶马古道起点的绿美之地。"

没错，雅茶和大熊猫一样，不仅是雅安的宝贝，也是中国乃至世界的宝贝。自吴理真在蒙顶山栽下七株茶树的那一刻起，在世界茶文明发祥地，隽永的茶香终将覆盖全球每一个人居之地。带着这个使命，雅茶集团正扬帆起航。